やると出来る

「自由に、自在に、しなやかに」の系譜

住田光学ガラス社史編纂室 編

CROSSMEDIA PUBLISHING

100年前も、100年後も変わらず。「自由に、自在に、しなやかに」

住田光学工業株式会社の創業から数えると100周年、株式会社住田光学ガラス創立では70周年となる、2023年。

「自由に、自在に、しなやかに」をモットーとした“放し飼いのニワトリ集団”である、住田光学ガラスの社風や経営をこれまで維持できた理由、そして未来について。現社長の住田利明氏と、日本工業大学専門職大学院研究科長であり技術経営についてもアドバイスする清水弘氏に、その秘密や源泉をお聞きしました。

“ナゼ”、住田光学ガラスは、こんなにもユニークな会社かつ、オンリーワンな会社として存在できているのでしょうか？

巻頭対談

住田利明

1950 年（昭和25）東京都生まれ。74年青山学院大学経営学部卒業後、住田光学硝子製造所（現・住田光学ガラス）へ入社。経理をはじめとする管理部門の仕事に従事し、87 年取締役、90 年常務取締役、93 年副社長を経て、2009 年10月に社長に就任。趣味は写真撮影で、外出する際はいつもデジタルカメラを持ち歩いている。そして、撮影した画像は毎月、会社のホームページにアップされている。尊敬する偉人は、現在の埼玉県深谷市生まれで、第一国立銀行の設立や東京ガス、王子製紙などの創設に携わった渋沢栄一。また、50 歳のときから天文・暦学を学び始め、日本全図を作成した伊能忠敬の生き様に憧れるという。

清水 弘

株式会社住田光学ガラス監査役、日本工業大学専門職大学院研究科長。京都大学工学部合成化学科卒業。1984年より東洋エンジニアリング株式会社で化学プラントのプロセス設計業務に従事。1990年よりアーサー・D・リトル（ADL）に参画し、2003年にパートナー、2015年よりシニアアドバイザーとして、製造業、ＩＴ企業、技術系サービス企業のイノベーションとグローバル化推進を支援する。2006年より日本工業大学専門職大学院で授業を担当し、2022年より研究科長。2016年より（株）住田光学ガラス監査役に就任。また、国内中堅製造業の監査役や、中国の自動車部品企業のCEOアドバイザーも務める。

ナゼ太郎

SUMITAのマスコット、ニワトリの「ナゼ太郎」。

ただのニワトリではありません。

庭で放し飼いにされて育ったニワトリです。

狭い養鶏場の中にいては見えないモノを見つめて、自由で柔軟な感性をもつナゼ太郎のような個性溢れる社員がSUMITAには大勢います。

「趣味のように仕事をしよう」。こうした考えのもと、自由な社風の中でSUMITAは、新しい技術のタマゴを日々生み出しています。

住田光学の創業者・祖父・利八の言葉

清水　私は住田光学ガラスの監査役を拝命していますが、日本工業大学専門職大学院の研究者が本職で、「なんぞ面白いことをやったろか！」というテーマで日々研究や授業に取り組んでいます。その観点でいうと、贔屓目なしで住田光学ガラスは面白い会社だと思っているんですね。

住田　ありがとうございます。

清水　それが顕著に現れていると思うのが「自由に、自在に、しなやかに」という企業理念。こういった理念を掲げている会社は他にもあるかもしれませんが、住田光学ガラスの皆さんは本当に自由に、自在に、しなやかに働いていると感じます。このような社風、文化はどのように形成されていったのでしょうか。

住田 こういう話になると、私は「好きなように仕事をしているだけ」「よく分からない」などといつも答えているのですが、確実に言えるのは弊社の前身となる住田光学工業を１９２３（大正12）年に創業した祖父・住田利八の影響です。

利八の口癖は「人と同じ道を行くな」。この考え方が私にもしみついています。１８８３（明治16）年に滋賀県に生まれ、小学校３年のときに先生と喧嘩をして退学。この時点で人と違う道を行っていますね。特に印象的なエピソードは日露戦争に従軍した際のこと。徴兵された祖父は、大変な犠牲を出しながらも勝利したある戦いで、単独行動をとります。

清水 そのエピソードは伺ったことがあります。皆怖いからまとまって突撃するが、まとまっていたら目立ってしまい丘の上の敵陣から撃たれるから、と一人で行動していたと。

住田 物陰で敵陣を伺っていて、そこから動こうとするとすぐに撃たれる。それでじっとしたまま夜が明けると妙に上のほうが静かになっており、意を決して丘の上に向かったら敵陣一番乗りになったという。

父はよくこの話をしていて「他の人と同じことをしていたらダメだ」と言っていましたね。どこまで正確な話かは私も分かりませんが（笑）、仕事でも祖父の考え方が分かる逸話があります。元々下駄屋で奉公をしていたのが、「洋装が増えていく明治になって、下駄の木工人をやっていていいのだろうか」と思ったのでしょうか、突然郷里を出たそうです。何も決めず、東京か大阪に行くのかな、と思って駅に行ったら東京行きの列車が来たので、それに飛び乗り上野の不忍池をあてもなく歩いていていたら、水道メーターのガラス蓋を取り扱っている方に偶然出会い、拾ってもらったという——。

清水 凄い行動力と運ですね。

住田 そうやってノープランですぐに仕事が見つかっただけでも大したものですが、その後、商売を譲っていただいて経営者になります。

その事業も、単にガラスの蓋を仕入れるだけでなく、ガラスを凹面加工できると高く売れたらしく、その加工に取り組んだそうです。その仕事は本郷でしていたのが、関東大震災で焼け出され巣鴨に引っ越し、同時に工場も建てたのが住田光学工業の始まりです。その後も切削が主流だった時代に、ガラスを加熱してプレス加工する、無駄が出ない加工法を開発するなど、〝らしい〟仕事をしていたそうです。

住田利八と正利（左）、利明（右）

誰もやらない、人の行かない道にこそ、進化と真価がある

住田　祖父の考え方は父・進にもしっかりと受け継がれていました。戦後、弊社はレンズなどに用いられる光学ガラスの製造に取り組むことになります。住田光学ガラスの創業は1953（昭和28）年で、当時は「住田光学硝子製造所」という名称でしたが、設立のきっかけは父が材料から光学ガラス製造を手掛けたい——と祖父に訴えたことでした。

清水　これも人の行かない道であった、と。

住田　はい。当時の光学ガラスはほぼドイツ製で、日本製はあってもその加工品やコピー品ばかりだったようです。光学ガラスは様々な材料を組み合わせて製造されますが、

オリジナルの組成を持った日本製光学ガラスはほとんどありませんでした。当時の光学ガラスの開発の難易度は今の比ではなく、新しい材料を試すのも大事（おおごと）。「これ以上の進化はない」と言う人も多かったそうです。逆に言うと、「これ以上はない」と考える向きがあったからこそ、挑戦してやろうと思ったのかもしれません。

清水 なるほど、「人の行かない道ですよ」とお墨付きをもらった格好ですものね。

住田 そうですね。そのチャレンジにどうにか成功し、他にも、ダメになったガラスを熔かし、ひずみが出ないようにレンズに再加工する技術を発見するなどしています。当時のガラスは貴重品でしたが、再加工するとひずみが出やすくなってしまうというのが常識で、リユースするのは難しかったのです。

清水 とにかく独自の道を行かれるんですね。光ファイバーの開発もこの頃ですか？

住田　開発に着手したのは1966（昭和41）年です。光学ガラスの新しい組成の研究はずっと取り組みつつ、光が通る糸状のガラス素材ができそうだ、と理論的・実験的にはあったのですが、工業製品としては実現していなかったのでやってみようと。

清水　当時ガラス製光ファイバーの用途はあったのですか？

住田　まったくありませんでした（笑）。自社製光学ガラスの開発の成果は少しずつ上がっており、当時はレンズ製造のためのガラス需要も多かったのですが、弊社はガラスメーカーとしては最後発で売上はまだまだ。とにかくやれることは何でもやってみよう、と開発に着手したそうです。

清水　誰もやっていないことに取り組んだから、ガラス製光ファイバーのトップランナーになれたという格好ですね。

住田　成功したのは結果論かもしれませんが、後発の会社が先行者と同じことをやって勝つのは難しいですよね。

放し飼いニワトリ集団の謂れ。〝冬眠〟の期間も乗り越える

清水 そういったチャレンジが積み重なって成功事例も出た結果、自由に挑戦する企業風土ができあがっていったのでしょうか。住田光学ガラスのマスコットキャラクターであるニワトリの「ナゼ太郎」も企業理念を体現する存在ですね。

住田 文字通り「鶏が先か卵が先か」分かりませんが、そんな祖父や父の会社でしたから、最初から自由にやる風土はあったのだと思います。

それこそ、ナゼ太郎ができる前から、父は「ウチには良い意味で放し飼いになっている社員がいっぱいいるんだ」と嬉しそうに言っていました。

ナゼ太郎は１９８８（昭和63）年に社名が今の住田光学ガラスになった際に、ＣＩをつくろうとして生まれたのですが、父はそんな喩え話をよくしていて、兄も放し飼いの話を耳にしていたのでしょう。そういえば私も、「住田さんはなんでそんなに色んなものを開発できるのか」と質問されたときに「ウチはブロイラーじゃないから」と答えたことがありました。

清水 ブロイラーが全て悪いというわけではないにせよ、そこから予想外のものは生まれませんよね。

住田 住田光学ガラスは本当に放し飼いです。もちろん社業でこんな研究をしてほしい、という仕事はありますが、それ以外に何をやってもＯＫ、めいめい好き勝手にやっています。一つの目的に向けて皆で一所懸命何かをやる、ということがなく、ある日「これできました」と持ってくる。そしてそれが凄い発明だったりするんです。開発力と自由度はセットなのかもしれませんね。

清水 それでもブロイラー的な働き方をする会社が多いはずで、それは自由にはリスクも伴うからだと思うのですが、その点はいかがでしょう？

住田 もちろんうまくいかない時期もありました。私たちが自由だったから、という原因ではない話かもしれませんが、リーマンショックの時期は売上が5割も減ってしまいました。

清水 その時期をどのように乗り越えたのでしょうか。

住田 売上5割減は大変な数字ですが、幸い蓄えはあり、きっとどうにか耐えられるだろうとは思っていました。

ただ、それも最大限経費をカットした上で、という話です。社長・副社長の給料をドンと削り、部長以上もだいぶ削らせてもらい、ボーナスも3ヶ月分を1ヶ月分に。

実はそれでも足りずに「人員整理をしなければいけないのかな」という考えが頭をよぎったこともありましたが、福島県の田島田部原工場の皆さんが「給料を下げていいから働き続けたい」と言ってくださって、じゃあ皆で我慢しようと、「冬眠しよう」と言って耐え凌ぎました。

趣味と仕事の線引き……。在る・無しや

清水　とことん自由にやるなら、辞めるのも自由ですよね。社員の皆さんがコストカットを受け入れてくださった。これは、自由に働ける会社を、社員の皆さんも愛してい

るから――と思うのですが、いかがでしょう。

住田 自分では何とも言えないところもあるので、私の話をさせていただくと、趣味のように働いているつもりなんです。仕事じゃない（笑）。ただ、社員も皆、そんな感覚でいてくれているように思ってはいます。それで、楽しい、やりがいがある、と感じてもらえているのかもしれませんね。

清水 なるほど。趣味のように、という姿勢は住田光学ガラスの開発力にも繋がっているように感じます。

住田 そうですね。放し飼いといっても、さすがに日々のノルマがゼロではありません。釣りで喩えると、会社から要望された釣具の開発もしながら、「こんな釣りがしたい」といつも考えつつ働いているのではないかと推測します。何かひらめいたら、仕事中に釣具屋さんに行って「こんな釣りをするには何が必要だと思いますか？」とヒアリングし、必要なものを揃えて空き時間でどんどん試す。そして、新しい釣具や釣法がモノになったら報告しに来てくれる。私はそれを見て「こんなもの開発してたの？」と驚くわけです。

清水 私は社員の皆さんの勉強会などに参加させていただくこともあるのですが、「面白いことができる」「チャレンジさせてもらえる」といったお話がありました。

ただ、当たり前かもしれませんが、開発のトップを走る方々は単に無闇矢鱈にやっているわけではなく、広範囲に渡る広い知識をお持ちですよね。狭い分野の〝技術屋〟ではなく、既存の何かと未知の何かを広い視野で結びつけ、新しい発明ができる〝ビジョンのある設計屋〟なんだろうなと。そんな人材を育むのはやはり自由な文化なのでしょうか。

住田 そうですね。やはり趣味のように働いているからではないでしょうか。好きなものはどんどん詳しくなっていきますよね。いやいや勉強するのではなく、能動的に知識を吸収していく。今あるものに少し手を加え、今より一歩先の事業や製品を考えるのが創業当初からの住田のやり方です。祖父は水道メーターの丸板ガラスを凹面に加工し、医療用の反射鏡にしていました。そんなひらめきを生むには、技術も大切ですが、広い分野を横断する知識が大切になると思います。

清水 なるほど。既存のアイデアや素材の掛け合わせで新しい発明を生むことは、簡単ではないにせよ、今では一つの開発戦略として認識されていると思いますが、昔は同じことを考える人・会社は少なかったでしょうね。

住田 そのように父も言っていました。やはり人がやらないことをやっていたわけですね。また、そういった新しい発明、ひらめきだけではなく、仕事ではない趣味の強さは品質にも出ます。レンズは技術が重要な製品ながら、大量生産品でもあります。安定供給を継続する上では妥協が出てしまうこともままあるものだと思うのですが、弊社は趣味。だから妥協はありません。私も社員も、最高の釣り竿をつくって最高の釣りをしたいのです。

清水 仕事として考えると、実現可能性とかコストを気にしてしまうところもあるが——。

住田　まさに、そこを趣味と思うと「とにかく良いものを」となる。基本的にそういう発想なんです。それに、そうやって品質を追求しても、少なくとも弊社の場合、実はそんなにお金もかかりません。何十億円もかかるなら尻込みするかもしれませんが、大体は多くても数千万円で賄える。それくらいなら、やりたいことはどんどんチャレンジしてほしい。そうやってやり続けると、必ず何かが上手く行って、それが新しいビジネスの突破口になると考えています。

清水　明確な目標を求めるわけではなく、自分たちの興味が向くことを研究するというのは基礎研究ですよね。

近年、著名な研究者の皆さんが基礎研究の重要さと、しかし日本では予算や時間がなかなか割かれない現状に対する問題意識を強く訴えておられますが、住田ではずっと基礎研究を大切に続けてきたわけですね。そういえば、まさに釣りが好きで、ガラスを加工したルアーをつくっている社員さんのお話を伺ったこともあります。そんな文字通りの趣味に対する取り組みも、住田光学ガラスの新ビジネスの突破口になる可能性があるのかもしれませんね。

住田　はい。どんどんやってほしいと思います。

常に〝新しい何かを、「自分たち」でつくる〟、というマインドを

清水　そういうチャレンジや基礎研究をやりつつも、ちゃんとした利益もあがっていく。全体を見ると、趣味の延長で広げつつ、利益もちゃんとついてくる、という形になっていますよね。

住田　やはり他社と差別化し、利益を出すためにも基礎研究は大切、ということなのだと思いますが、私たちは昔から「新しいガラスをつくる、組成を見つける」と本気で

思って取り組んできました。そういう姿勢を見せていると、若い人も「こういう風にチャレンジしていいんだ」と思うし、「これを使ってあれができるのでは？」とひらめいたりするものです。趣味のように探究心を持って取り組み、それが成果に繋がる――というサイクルが連綿と続いているので、自然とそうなっている。チャレンジをする〝けど〟利益も出す、という感じではなく、そういうものだと考えています。チャレンジをする〝から〟利益が出る、と。

清水　趣味の延長といっても遊びではないし、良いものができれば、金を出して買ってくれる人はいる。

住田　普通のビジネス――と言うのが正解か分かりませんが、マーケティングに力を入れて「こんなものが売れそう」と調べてつくることもおそらく可能です。ただ、そんなことは誰でもやっているので後発になってしまいますよね。それでは勝てない。それなら、自分たちにしかできないものをつくる。そうすれば自動的に先行者になれますよね。その新しいものに「売れそうだ」と思ってもらうほうが、実は簡単なんじゃないかと。

清水 先ほども〝設計〟という話が出ましたが、加工や素材の調達だけでなく、そういった設計開発もできるのが住田光学ガラスの強みだと思います。そうなっていった経緯などあるのでしょうか?

住田 祖父や父のアイデアを具現化できる体制を整えていった、ということなのかもしれませんが、品質の追求も大きかったように思います。素材を扱うだけにしても、どんなガラスを扱う会社さんも、常に「新しいガラスはないか」と考えておられるはずです。そして、新しいガラスとはどんなものか、と突き詰めて考えようとすると、その中身の理屈が分かってないと掴めないんですね。設計開発を外部がするにせよ、「もっとこんなガラスはないか」といった相談をするなら、結局自分たちでつくれるくらいの知識がないとちゃんとしたやり取りはできません。それで、社内で勉強と、開発もしていこう――と。

清水　なるほど。住田光学ガラスは、レンズ設計は続けつつ、複数のレンズを組み合わせてレンズユニットをつくったりもしている。これは単なる光学ガラスメーカーとは大きく違うジャンプをしていると思うのですが、このような製品開発に取り組んでいるのは？

住田　それも同じ話なんです。設計ができて素材があってレンズをつくれるんだから、趣味の延長でやっていたら色々試したくなる。そして、実際にやってしまえる環境や技術力を持っているので、やってしまうわけです。

清水　最高のものを目指そうとすると、それは基本的には現状ないものだから、自分たちでつくるしかない。だからチャレンジすると。

住田　自分たちでどうにかする。そうやって進歩してきました。

清水　さらに内視鏡などにも取り組まれて、もう電子機器メーカーという感じですが、それも同じ話であると。

住田　はい。そうですね。「こんなことがしたい」と思ってそれを実現しようとする。それが電子機器というだけで。レンズでできることの範囲がどんどん広がっていく。それを頑張って追いかけているだけなんです。結果的に大きくジャンプしているように見える新製品などが生まれているのは、何も考えていないからとも言えるのかもしれません。細かい計算をせず、リスクを恐れず、とにかくやる。

企業の成長よりも大切なこと

清水　住田社長はよく、楽しかったゲームの話であるとか、感動した経験の話などを社員の皆さんに意識的に伝えている印象があります。仕事以外でも楽しさの追求を大切にされていますよね。

住田　趣味のように働くのと同時に、仕事のように遊びたい、私自身が楽しくありたい――とは思っています。初めて聞く人には学びがあるのでは、というエピソードがあったとします。でも、それを自分で何度も話していたら、オチが分かっているから私自身があまり面白くないんです。「何を言うかより誰が言うか」という物言いがありますが、同じ話でも話者の体重が乗っていなかったら、伝わるものが減ってしまうかもしれませんよね。だから、新鮮に話せるエピソードの経験を更新し続けたいと思っています。あと、もちろん人に伝えるだけが目的ではありません。知らないことを知ったら楽しいじゃないですか。

清水 利八さんの「人のやらないことをやりたい」というのがずっと受け継がれているんですね。

住田 祖父の話を何度も聞かされているうちに、私の中に「好きにやっていいんだ」という考え方が植えつけられていました。とにかく趣味として仕事ができるのが一番いいと思うんです。それで大赤字ではさすがに問題ですが、最低限のご飯が食べられれば。

清水 そうやってずっと、リーマンショックはあったものの、ある程度順調に回ってきて、今後も趣味の延長で仕事をすることは成り立っていくと思われますか?

住田 会社の目標とか、将来やりたいこととか、よく聞かれるのですが、いつも答えるのは〝現状維持〟です。今は会社が元気で、皆、活力がある。この状態を維持したい。

これ以上弊社を大きくしたい、とは思っていないんです。

清水 実際につくる商品は色々と変わっていくかもしれないが、「楽しい仕事をして、ビジネスの結果もちゃんと出る」という姿勢の現状維持をしたいということですね。

住田 先のことなんて分かりませんからね。狙えるようなものだったら皆狙っているでしょうから。

清水 なるほど。ザックリしているように見えて、イノベーションのジレンマ――破壊的イノベーションは中小企業にしかできない、という考え方がありますが、そういう姿勢が重要なのかもしれません。大企業はどうしても守らなければいけないものがありますしね。ビジネスの規模はあまり意識しない？

住田 リーマンショックのときのように、一気に激減はさすがに問題ですが、基本的にはそうですね。金融機関は売上や成長率を注視していると思うのですが、「成長率って何をもって成長とするんだ？」と考えたりもします。

清水 姿勢という意味では、今回の本をつくる取り組みも、売上や利益といった指標ではなく、考えや言葉を残したい、といった意志があったのでしょうか？

住田 個人的には過去のものを残すのはあまり意味がないと思っていて、弊社も過去のちゃんとした資料が残っていなかったりするんです。それよりも先に興味がある。そもそも、過去っていうだけでしんみりしちゃうので、あまり考えずにやってきました。

とはいえ、自分でも歳をとったなあと感じてきて、近年は若い方に向けてこんな風にしたらいいんじゃないか——と思うことを毎年の指針（２００ページに別途掲載）にまとめているのですが、そういうことの一貫ではあるのかもしれません。

清水 「こうしたほうが売れる」的なノウハウではなく、「常に楽しいことをしたほうがいい」的な姿勢、価値観を伝えたい意識が出てきたと。

住田　指針の話をさせていただくと、去年は「やってみなけりゃ分からない」で、今年は「やるとできる」。これはいいな、と自分でも思っているんです。集大成的な言葉だなと。「〝やれば〟できる」ではなく「〝やると〟できる」。うまくいかない人は、できるところまでやってない、途中なだけではないか、と。

清水　失敗こそが大切という考え方がありますが、まさに失敗もやったからこそで、成功するまでの途中ですよね。

住田　とにかくやることが大切だと、強く思っています。趣味のように働き、仕事のように遊ぶ、という話をしましたが、遊びも真剣に遊ぶからこそ、本当の楽しさが分かるのではないかと。

清水　「自由に、自在に、しなやかに」もそうですが、住田光学ガラスはビジョンやミッションよりも、姿勢・価値観が大事な企業なんですね。

厳しい時期を迎えたときの備えと、あえて新しいことにチャレンジする姿勢

清水　とはいえ、ただただ好き勝手に働いているというわけでもなく、先ほどのリーマンショック時の話でも、実は続くエピソードがありますよね。どれだけ経費を切り詰めても本業では約3億円の赤字だったが、以前から投資していた事業が育ってちょうど3億円近い利益が出て、最終的にはトントンになったとお聞きしたことがあります。

住田　はい。不思議なもので、そんなことになりました。

清水　私の言葉では、これはポートフォリオ経営にあたるのですが、社長としてはそのよ

うな意識はあったのでしょうか?

住田 そこまで立派なことを考えてのことではありませんが、ビジネスはうまくいかないときも絶対にあるので、備えはしておこうという意識は常にあります。

清水 先読みをしてのリスクヘッジをしていたと。

住田 〝先読み〟というよりは、単なる〝読み〟でしょうか。精緻に材料を積み重ねて未来を見通す、といった感じではなく、繰り返しになりますが、普通にうまくいかないこともあるだろうから、それに最低限備えておくと。

清水 なるほど。趣味の延長でやる以上は、逆に備えも必要だと。

住田 はい。楽しく働きたいからこそ、その場所をキープする手は打っておく、というか。あと、リスクヘッジのために投資をする、というわけではなく、それも前向きに、常に単なる〝読み〟で面白いことをやろうとする感じですね。

清水 ベクトルの違う楽しさのポートフォリオを組み立てるというか。

住田 どうしたって波はありますから、結果的にリスクヘッジになっているのかもしれませんが、基本的には楽しく仕事をする中で、たまたまそんな投資をしていたと。それに、うまくいってるときも、それはそれで逆に不安になったり、悪いことがなくても調子が良いときは忙しくなってしまいますし。反対に、悪いときほどガッツが出て平時より「やるぞ！」と気合が入ったりすることもあります。

清水 どんなときも、住田としては好きな仕事に取り組んでいるだけ、と。

住田 もちろん真面目なことをまったく考えないわけではありませんが、基本的にはそんな感じなのでしょうか。あと、個人的に重要視しているのが、「厳しい時期に新しいことをやる」という方法論です。景気が良いときはお金も余っているので、ついつい余計なことをやってしまったりするんです。だけど、厳しいときは経費も切り詰めないといけないので、必要最小限のことだけする。それで、結果的にちょうどいい設計になることがあります。一方、景気が良いときに、つい足してしまった余計な要素のせいで大失敗することもあるんですよ。

清水 なるほど。確かに、新しく手を出した分野も、楽しそうだからやっているというのは腑に落ちますね。具体名は控えますが、以前ある展示会で住田社長を見かけて、「こんなジャンルにも興味があるんだ」と驚いたことがあります。そうやってアンテナを広く張っていることで、ガラスと組み合わせて新製品が生まれそうなアイデアが芽吹く可能性を上げているんだろうな、と思いました。

住田 そうですね。それはやはり興味が大きいです。もちろん「仕事の種になればいいな」とは思いつつ、どんな技術が次に来るのかな、何が生まれるのかな、というのは気になるじゃないですか。あと、それがポートフォリオ経営ということかもしれませんが、手広くやっていれば、必ず何かが良い結果を出す、という感覚はあります。色々とチャレンジしていたら全滅することはまずないだろうと。

清水 そういえば、また別の似た業種の展示会で、住田のスタッフさんを見かけたこともあり、社員の皆さんもアンテナを広げているんだな、と思ったこともあります。そうやって幅広い知識を持つ、世代も異なる方々の話を理解するには、トップも勉強が大切になりますか？

住田 これも、基本的には自分の興味が先です。とはいえ、ある非常に優秀な中国人の社員が、難しいことばかり言うもので、ついていけるように意識的に勉強したことはありましたね。ある日、彼に「なんでそんなこと知っているんですか？」と驚かれて、そのときは「やったぞ！」と思いました。でも、そう思ったくらいだから、そのときもゲームみたいな感覚で「ついていってみたい」と頑張ったのかもしれません。しかしながら、社員の話についていくために、とまでは言わずとも、最低限の知識は必要不可欠だとは思います。まったくついていけないようでは問題ですよね。

清水　たしかに。トップの目が届かないと、放し飼いじゃなくて放置しているだけ、となってしまうかもしれない。

住田　弊社の枠を広げながら、のびのびと働いてほしい。そのためには一見矛盾するようでチェックも大切ですから、見ていること、見てある程度分かることは大切ですね。あと、これからの仕事も〝見る〟はキーワードになりますね。年々、同じ「精密」という言葉でも、見えているものの次元が違うような進化をレンズ、光学の分野は果たしています。ですが、それでも私たちにはまだまだ見えていないものがある。今の光で見えていない領域は、将来の住田光学ガラスの主戦場になる可能性が高い。

清水　そう考えると、まだまだ終わりがない、果てが見えない、ずっと楽しめそうな光学という領域を選ばれたのは大きかったですね。

住田　そうですね。ただ、私の目線で言うと、選んだというよりも、創業時から光学と社名に入っているんですよね。裏を返せば、祖父や父に先見の明があったということでしょう。その段で言うと、実は改名するとき、単なる「住田光学」にする案もあったのです。

清水 そうでしたか。

住田 一見、社名が広いほうが仕事の領域も縛られず、大きくなっていく感じもありますし。ところが、周りを見てみると、レンズを使った製品を手掛ける「〇〇光学」という会社がたくさんあったのです。そうなると、「ガラス」と押し出すことで、むしろ自社で光学ガラスを製造できる弊社の強みが出せるのではないか――という話になり、「住田光学ガラス」に落ち着きました。

清水 なるほど。先程ミッションなどは住田光学ガラスに似合わないのかも、と言いましたが、実は社名が自分たちの向かう方向をこれ以上なく示しているので、それだけで十分という話だったのかもしれません。

住田　光学ガラスからつくってやれるのはウチだけ、という自負はありますね。

材料から一気通貫で製造できる強み

清水　ガラスそのものを製造・開発できるのは本当に大きな強みだと思います。今はソフトの変化が早すぎて、ソフトだけでは長く続けにくい。アップルなどが顕著ですが、ハードもソフトもできる企業が強い時代だと思います。

住田光学ガラスもそうですよね。とはいえ、ずっと安泰と言い切れるものではない。若い社員の皆さんがやっている勉強会で、同じ武器で戦えるのはどんなに長くても25年くらいになるだろうという話がありました。メーカーからＩＴに移行した会社などもありますが、住田はこれから先、やっていることが変わっていくと思われますか？

住田 こんな答えばかりで申し訳ないのですが、分からない（笑）。先のことは先の人が考えますよ。ただ、やはり姿勢が重要ですね。何をやっていても、楽しく働けていれば。ガラスにこだわる必要はないです。

清水 なるほど。ただ先程申し上げたように、光の可能性はまだまだ大きいですよね。これから大いに注目されるだろうセンシングも光が大切です。若い社員の皆さんが、中長期の戦略について活発な議論を交わしているわけですが、未来ある方々にどんなことをしてほしい、といった期待はありますか？

住田 これも、特にないですね。未来の事業と同じで、何をしてくれても。敢えて言うなら、そういった「未来のことを考える」的な取り組みを続けてもらえれば嬉しいです。そうして出た結論は、議論を尽くした上でのものなら、どんなものでもＯＫです。逆に、こちらが気をつけないといけない、と思っています。

清水 と言いますと。

住田 新しい考え方を否定しないように、と注意しています。若い人にはどんどん変化してほしい。そういう意味では、前言撤回になりますが、やっぱり勉強は大切ですね。若い人の考えを否定したくなるときって、単に「間違っている」と思うときよりも、「何を言っているのか分からない」「ついていけない」と思うときのような気がしますので。そう考えると、社員が変化できる環境をつくるのが自分の仕事なんでしょうね。

清水 これからの住田光学ガラスの未来を、どんな人たちがつくっていくとイメージされていますか?

住田 これまたイメージは特にありません。ただ、悪い意味ではなく、心配していないんです。今いる皆さんがいい仕事をしてくれるだろうなと。

清水 その確信があると。

住田 はい。ポートフォリオ経営の話に繋がる部分かもしれませんが、戦後光学ガラスを開発し、ガラス製光ファイバーを開発し、とやってきて、その次に実現した大きな成果として、非球面レンズの開発が挙げられます。これは「備え」として投資していたわけではありません。「非球面レンズが絶対に必要になる、売れる」と、もう分かっていたんです。間違いなくそうなると思ってやっていました。ですから、当時の新卒採用者は、全員非球面レンズに関する部署に配属していたのです。放し飼いはしつつ、基本的にやってもらいたい仕事として、皆に非球面レンズに取り組んでもらった。それくらい自信がありました。だから、「何でもやってみよう」と言いながら、実は次にやるべきことは結構見えていたりもします。

清水 そうなんですね。

住田 同じように、長い間働いていると、「この人はこういう風に成長していくだろうな」というイメージは何となく感じられるものです。それが安心できるものなので不安はないし、なればこそ目指すのも現状維持ということです。

清水　なるほど。

住田　ただ、それも自由あってのもの。色んなことを好き勝手にやっているから、見えてくる、自信が持てる。そういうものだと思います。

これから住田光学ガラスの仲間〝ニワトリ〟になるのは、どんな〝ヒト〟？

清水　では、最後の質問です。これから住田光学ガラスに入ってくる方々についてはどうでしょう。どんな人に入社してほしいと思われますか？

住田　趣味のように楽しく働いていただければよいのですが、そういう意味では性格が明るい人、あと野心のない人ですね。ウチには野心家は向いていないと思いますね。

加えて、採用の場で必ず質問するのが「面接までどんな道で来ましたか」という話です。単なる「電車で来ました」レベルではなく、筋道立てて説明できる方は仕事的に向いていると考えます。また、人間性が見えるし、趣味のように働いてほしいので、趣味の話も聞きます。没頭できる趣味がある方のほうがいいですね。

清水 野心がない、というのは、珍しい基準かもしれませんが、大切なことかもしれませんね。

住田 「野心がある人求む」という考え方も分かります。野心がないとやっていけない仕事も多いでしょうから。ただ住田光学ガラスはそうではないかなと。優しい人、責任感の強い人が多いですね。自由自在にやってほしいけど、責任感がないと、自由にやった結果、妙なことになってしまうかもしれない。

清水 なるほど。責任感も重要なキーワードかもしれませんね。社員の皆さんに、楽しく働いているのは大前提として、大変なことを伺ったら、「誰も『やめろ』と言わないのでチャレンジし続けるのが大変」という方がおられました。当事者意識の高さに感心したものでした。

他の会社だと、上司に言われたことをやって、できたできない、という話になりがちですが、住田光学ガラスは良い意味で社員の皆さんも「個」として仕事をしていて、上司相手でも個対個、という感じがします。そして、個として自立しながら良い仕事をするには、趣味のように取り組み楽しむ姿勢と、責任感が大切になると。

住田 そう思います。もしも今、この本を読んでいる方で就職や転職を考えていて、野心がなく、強く打ち込んでいる趣味があり、責任感の強い方がおられたら、弊社も候補に加えていただければと思います。

はじめに

SUMITAの理念

自由に
何ものにも束縛されず、
自分（自社）の力を存分に発揮する。

自在に
どんな変化にも
柔軟な対応を。

しなやかに

逆境をかわし、

真の強さを身につける。

2023（令和5）年、株式会社住田光学ガラスは1923（大正12）年の住田光学工業株式会社の創業から数えて100周年、1953（昭和28）年の株式会社住田光学硝子製造所の設立から70周年を迎えました。

本書は、その節目を機に100年の歴史を振り返り、これからの100年に向けたメッセージを込めた一冊です。

SUMITAは、数多くの素材や光学製品を発明してきたことから、国内外の関係者から頻繁に「ナゼ、そんなに色んなものを開発できるのか？」とご質問を受けます。

また、外部から見るとその経営方針が一種独特に映るのか、多くの企業やメディアから注目されています。

冒頭の「**自由に、自在に、しなやかに**」の企業理念にもあるように当社には自由闊達な風土があり、連綿と続いています。今回、発明の源泉はその企業風土によるものではないかという仮説をもって、多数の先達や現場の声を集めました。

そこにはいかにも当社らしいエピソードや言葉がありました。

本書を通じて、社員やお取引先などの関係者の方にとっては、**〝SUMITAらしさ〟**の再発見となり、当社を初めて知った方には、僭越ながらこのようなユニークな会社があることを発見していただく機会となれば幸いです。

住田光学ガラス社史編纂室

目次

第1章

住田光学工業100周年・住田光学ガラス70周年。変革の歴史と物語

第2章

苦境からの脱出。住田光学ガラスの現在地と各事業の挑戦・取り組み

第3章

連綿と続く住田光学ガラスのＤＮＡ。そして、未来へ

終章

「仕事はスポーツだ！」に込めた想い

第1章

住田光学工業100周年・住田光学ガラス70周年。変革の歴史と物語

創業時から続く「人と同じ道を行かない」企業文化

住田光学ガラスの前身・住田光学硝子製造所は1953（昭和28）年に設立された。つまり、2023（令和5）年、株式会社住田光学ガラスは、70周年を迎えたことになる。

さらに、現社長・住田利明の祖父・住田利八が、現在に繋がるガラス事業を行っていた住田光学工業を東京の西巣鴨で創業したのが1923（大正12）年のこと。2023年は、住田光学工業を起点とすれば100周年にあたる。

創立70年・創業100年となる大きな節目のタイミングで、住田光学ガラスの歴史を俯瞰し、未来へのヒントともするべく、周年書籍『**やると出来る～自由に、自在に、しなやかにの系譜**』を編纂することとなった。

本書のサブタイトルにもなっている**「自由に、自在に、しなやかに」**は、住田光学ガラスの理念である。

今日まで連綿と続く企業文化を紐解く上で、まず第1章では、それぞれの時代を担った経営者にフォーカスしながら、住田光学ガラスの歴史を振り返りたい。

創業者・住田利八の功績と人生観

繰り返しになるが、1923年、住田光学工業が創業した。

主な事業内容は光学ガラスのレンズへの加工だ。メーカーからガラス材料を預かり、住田光学工業が加工していた。


本書冒頭に収録された、代表取締役社長・住田利明と監査役・清水弘との対談でも触れられていたように、創業者の住田利八は**「人と同じ道を行かない」**ことをモットーとする人物と伝わっている。

そんな利八が率いる住田光学工業の経営は、1932（昭和7）年頃、上向きになっていく。前年に満州事変が起こり、その後、日中戦争、アジア太平洋戦争に突入していくこ

利八と妻のしん

となる激動の時代であった。

さらに同時期、〝住田印〟とも言うべき、実に利八らしいアイデアも実現している。それが熔かしたガラスを金型に入れ、プレス成形する技術だ。

この技術によって、双眼鏡などに用いられる「プレスレンズ」が製造された。

プレスレンズの製法は、今の目線で見ればごく普通に感じられるかもしれない。

しかし、当時の光学ガラスは、ドイツやフランスから輸入したガラスブロック（母材）を切り取り、レンズやプリズムの形に削り出しつくられていた。

この製法には、大きな問題が2つある。1つは、作業の手間が非常にかかる点。もう1つは、母材に無駄が出る点。

利八は、ガラスを軟化してプレス加工できれば、大きな差別化を実現できると考えた。レンズやプリズムの重さを計算し、これに少しプラスした量のガラスを母材から切り取って軟化させ、金型に入れてプレス成形、仕上げの磨きをかける。この製法でレンズがつくれれば、2つの問題を解決できる。

最初期のプレスレンズ作業工程は、

1 ドラム缶とレンガ製の炉を、コークスで焚いた火で高温に保つ。
2 鯛焼き器のような鋳物製の型にガラスを入れる。
3 ガラスの入った型を炉の中に入れ、熱してプレスする。
4 プレスされたレンズを、わら灰と粉炭の中で徐々に冷却する。

というものであった。

この製法で、実際にレンズは完成する。ただし、その評価は散々だった。そのプレスレンズにはひずみが生じ、眼鏡や拡大鏡には使えたものの、売上は微々たるものだった。

よくよく考えてみれば、大きな塊からガラスを削り出すよりも、利八のような製法で光学ガラスを製造できるなら、そのほうが効率的なのは自明だ。

プレス製法は、先進工業国であったドイツでも行われていなかったという。実は利八と同じ道をすでに行き、ひずみが生じるために断念していた同業他社も、すでに国内外にあったのかもしれない。


ところが、住田は転んでもただでは起きなかった。詳しくは後述するが、住田はある賭けに出て、プレスレンズの品質を改善し、名誉挽回に成功する。

軍靴の音が年々大きくなっていく情勢下ではあるが、当時は軍が大きな顧客となっていたため、敵軍の偵察などに欠かせない双眼鏡などによって、売上を大きく伸ばすこととなる。

「松の葉が松の葉に見えますぜ、これは」

さらに、1938（昭和13）年、大きな転機が訪れる。

軍が購入する、一般消費者も利用可能な双眼鏡のような製品の需要は大きかったものの、住田のレンズ自体の軍需品への採用はなかった。

その理由の一つとして、帝国海軍に大きな影響力を持っていたニコンの前身・日本光学（ニッコー）がプレスレンズに一貫して反対していたことが挙げられる。

そこで住田は、光学機器メーカーであるトプコンの前身・東京光学機械（トーコー）へ売込みを図る。当時は「海のニッコー、陸のトーコー」といわれており、トーコーは陸軍に多くの光学機器を納入していた。

品質を改善し、プレスしたレンズをトーコーの技術者に見せると、担当者は庭の木を映しながら、「松の葉が松の葉に見えますぜ、これは」と感嘆の声を上げたという。

さらに、レンズについても品質の高さが認められ、トーコーの民需双眼鏡用のレンズに住田のプレスレンズが採用された。

トーコーに対する営業活動の成果は結果的に民需品となったが、その後、住田のプレスレンズは軍需品にも採用されることとなる。

きっかけは、1943（昭和18）年、豊川海軍工廠（愛知県）の技師が住田光学工業を訪ねたことだった。

そこで持ちかけられたのが、「5トンのガラスブロックから、できるだけ多くの双眼鏡のレンズをつくりたい」という相談だった。

先述のように、ガラスやプリズムを削り出す製法は無駄が多い。前年には、アジア太平洋戦争の趨勢を大きく左右したと考えられている、ミッドウェー海戦やガダルカナルの戦いが始まっている。物資不足が深刻化していく時代であったことは想像に難くない。

そんな状況下では、ガラスブロックの希少性はより大きくなる。

豊川海軍工廠で製造されていた12センチ口径の対物レンズは、従来の母材から切り、削り出す製法では3分の2が削りカスになり、30台分しかつくれなかった。

住田のプレス製法なら2～3倍は生産可能と期待されていたが、その期待は良い意味で裏切られることになる。

実際に製造したところ、8倍を超える250台分のレンズが完成したのだ。

品質面も、その後の実践で性能が証明され、翌年には海軍が正式にプレスレンズを採用する。

今日から見れば、日本全体が敗戦に向けて進んでいく時期であったが、住田光学工業の経営はさらに安定していった。

二代目・住田進が押し進めた技術革新

住田利八の後継者となったのは、利八の子・住田進である。

後に社長となり、住田の技術力を国内外に知らしめることになる進だが、その功績を伝えるには、社長就任前の仕事に紙幅を割かなければいけない。

何を隠そう、ひずみが生じてしまったプレスレンズの品質を改善したのが、東京府立第五中学校（当時）を二年で中退し、家業を手伝っていた進であった。

つまり、現場レベルでは10代から活躍していたことになる。その社長時代を知る元役員や役員らは、口を揃えて「進さんは、技術者だった」と振り返っている。

若き日の進は、ふとしたことをきっかけに、ひずみの原因は冷却方法によるものではないか、と考える。

そして、理化学研究所、商工省の東京工業試験所といった専門機関を手当たり次第に巡り、相談を持ちかけた。

最終的に、大阪工業試験所（現在の産業技術総合研究所関西センター）の技師・高松亨博士のアドバイスによって、「プレスしたレンズを再び加熱する」という解決方法を導き出した。

ただし、先述した利八の装置では、その効果が得られないことも同時に判明していた。ひずみのない均質なレンズをつくるには、電気炉で長時間加熱する必要があったという。当時電気炉は、工業試験所のような国の研究機関か、軍需産業に取り組む大手企業の研究所にしか導入されていなかった。その上、多くは小型のものだった。

このような状況において、進もやはり**人の行かない道を選ぶ**。大型の電気炉を備えた工場を建設したのである。

さすがの利八もこれには反対したと伝わっているが、自ら※1500円をかき集めて、その反対を押し切り、プレスレンズの改善に成功した。

プレス装置

さらには、前項で述べた、トーコーへの売込みも進が主導したものであったという。

※企業物価指数の内、戦前基準指数を用いて計算。859・4（2022年）÷0・969（1934年）＝887倍。1500円×887倍＝133万500円。日本銀行サイト計算式を基に計算。様々な基準があるため、参考値として。

戦後と住田光学の歴史

多くの国民や企業が苦しむ中、順調な経営を続けられていた住田光学工業であったが、1945（昭和20）年には終戦を迎える。

軍需産業はいっせいに解体となり、住田のプレスレンズ需要も激減、巣鴨に構えていた工場も一時閉鎖となった。

しかし1947（昭和22）年頃になると、徐々に進む復興と共に民間需要も回復していき、レンズメーカーからプレスレンズの注文が殺到するようになっていった。この頃には、プレスレンズに対する懐疑的な見方も払拭されていたという。

住田進は、この需要増に応えるために、製造方法の改善に取り組み、**「光学レンズ自動整形装置」**を完成させた。

この装置は、先端に耐火レンガの皿を取り付けたステンレスの棒を、丸型の電気炉に差し入れるものだった。棒は32本あり、一定の時間が経つと順々に炉から引き出され、軟化したガラス塊が、自動的に皿の上から金型へ移される。

結果、生産性は大きく向上し、増えていく需要に対応できるようになった。

この装置は1949（昭和24）年に特許が公告されている。

この自動成形装置は、住田光学工業に大きな成果をもたらす一方、多量の熱を発する仕様で、取り扱う職人に大きな負担を強いていた。

そのため、進はこの問題点の改良にも取り組んだ。

光学硝子連続加熱装置

そのきっかけとなったのが、前年に山手線の車中で目撃した、少女が手に持つ「銀座まんじゅう」の紙袋だった。このまんじゅうは、銀座の店先に自動製造機が置かれ、出来立てを販売することで知られていた。

この製造機の仕組みをヒントに**「光学硝子連続加熱装置」**が生まれた。

これにより、外部に発散される熱が少なくなり、職人の負担も軽くなった。

この装置も1953（昭和28）年に特許が公告され、その後30年以上にわたり、製造現場で活躍することになる。

進は、成形装置などの発明によって、1955（昭和30）年に東京都知事発明賞、1961（昭和36）年に科学技術庁長官賞、1968（昭和43）年に紫綬褒章を受賞し、その才能を業界内外に知らしめている。

住田光学硝子製造所の誕生

同年・1953年には、今日の住田光学ガラスの前身となる、住田光学硝子製造所が住田光学工業の子会社として設立されている。

本社は東京都千代田区、工場は現在の埼玉県さいたま市浦和区で、後者は現在の住田光学ガラス本社所在地にもなっている。

住田光学硝子製造所は、創業社長こそ利八が勤めたが、進の強い意向で設立され、その事業も進が主導しており、1963（昭和38）年には代表取締役社長に就任した。

今回、住田光学ガラスの歴史をまとめる上で、元役員らにインタビューを実施している。その時代を知る元役員はこのように振り返る。

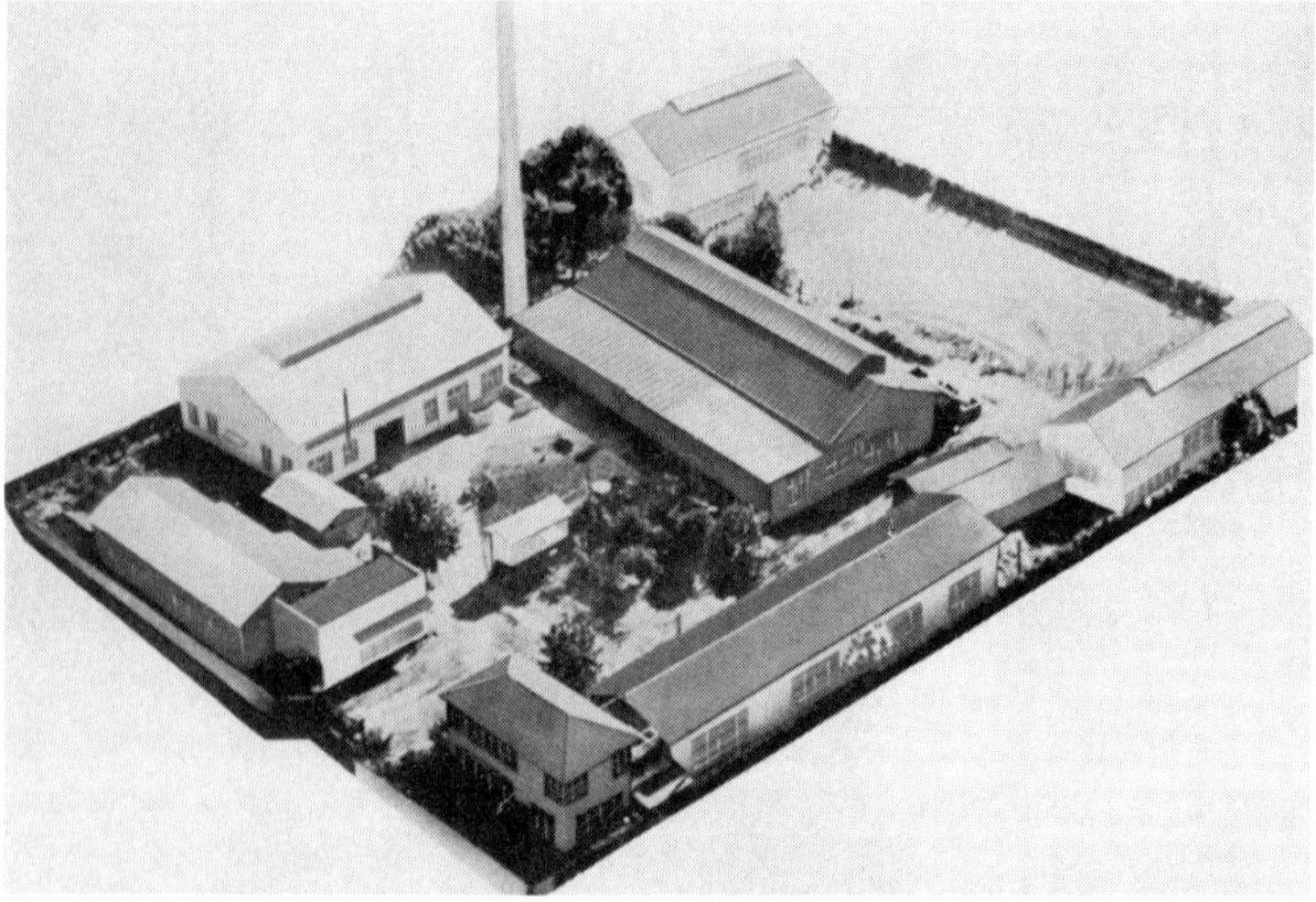

当時の浦和工場全景

「進社長は技術者として、様々な物事に対する興味や関心が強く、それが仕事にもそのまま現れていました。ガラスのプレッシングをする作業が熱くて大変で、それを熱が減る形で自動化しようと頑張っていた話はよく耳にしました。とにかくモノづくり精神の旺盛な方でした」

進のモノづくりへの情熱は大変なものので、別の元役員も、その人物像についてこう語る。

「とても優しく、心配りのできる方でかわいがってもらいましたが、これ、と決めた仕事への取り組み方は大変なものです。プレスの成形装置に文字通り命を懸けていた」

二人の元役員は、それぞれ1976（昭和51）年と1968（昭和43）年に入社している。そんな二人がこのように振り返るのだから、光学硝子連続加熱装置開発の後も、進がいかに成形装置の改良に心を砕いていたのかが見て取れる。

そんな進は、成形装置の開発や改良に取り組みながらも、常にもう一つの大きな課題を意識していた。

それが、ガラスそのものの製造である。住田光学硝子製造所もそのための会社だった。度々触れているように、光学ガラスは母材となるガラスブロックからつくられる。光学ガラスをレンズに加工する住田光学工業でも、その母材はほぼ輸入に頼っていた。進はかねがね、レンズやプリズムをつくるにせよ、母材からつくらなければ意味がない、世の中にないものを自分の手で生み出したい、と考えていたのだ。

簡単にできることなら輸入に頼る必要はなく、光学ガラスのイチからの開発が困難な道のりであったことは想像に難くない。

ガラス熔解用の粘土坩堝（るつぼ）

父・利八は専門的な学問を学んだ経験はなく、職人の技術と発想力で、トライ・アンド・エラーを繰り返しながら新しい発明をモノにしてきた。

しかし、光学ガラス製造には、化学や物理学などの専門的な知識が欠かせなかった。進は勉強しながら、分からないことがあれば、戦前から付き合いのあった大阪工業試験所や、東京大学や科学技術庁、同業他社の知人など、どこへでも足を運んで教えを請い、専門知識を蓄えていった。

とはいえ、知識だけで会社や事業ができれば苦労はない。

進は住田光学硝子製造所の設立に取り掛かるが、戦前の電気炉導入の際と同じく、ガラス熔解設備の建造資金の不足に直面する。

当時、ガラスを熔解する場合、まずは素焼きの坩堝を工場内で製造する必要があった。土からつくる坩堝は、乾燥して使えるようになるまで半年はかかり、1回ごとに使い捨てだった。

さらにガラス熔解には、まずその坩堝にガラス原料を入れ、1400℃の高温を発生させる重油炉で液状になるまで熔かす必要があった。

この重油炉の建造、燃料ポンプや重油の燃焼機械など、補助装置も多数必要となる。ガラス原料や、坩堝をつくる粘土も用意しなければならず、全ての準備には約※1000万円の資金が必要だった。

※ 企業物価指数の内、戦前基準指数を用いて計算。859・4（2022年）÷351・6（1953年）＝2・4倍。約1000万円×2・4倍＝約2400万円。日本銀行サイト計算式を基に計算。様々な基準があるため、参考値として。

硝子熔解

それでも、進は加工用に仕入れていたガラスブロックを全て売り払い、設備の導入に踏み切る。

こう書くと簡単な話に見えるが、自社で製造する光学ガラスが使いものにならなかった場合、住田光学工業で用いる材料の枯渇を意味する。戦前の電気炉導入を思わせる、大変な賭けであった。

ただし、そうは言っても、周囲の人々は未来への投資と考え、すぐに成功するものではないと考えていたようだ。また進自身も、光学機器業界がこれから発展していくだろうことを予想しており、先行投資という意識も少なからずあったという。

しかし、結論を先に述べると、この賭けは見事に成功した。

1回目の熔解は失敗したものの、2回目で見事に綺麗な光学ガラスが出来上がる。そして、それ以降は問題なく質の高い光学ガラスの製造を続けることができ、半年で資金に困らないようになったという。

進は「運が良かった」と後に振り返っているが、本当に運の問題なのか、〝技術者〟住田進の謙遜であるのかは、今となっては確かめようもない。

住田光学工業から、約100年の歴史の中で会社の存続や成長に大きく寄与することとなった決断や発明は少なくないが、最も重要なものは住田光学硝子製造所の設立、光学ガラス製造への着手と言ってよいだろう。

本章制作にあたって取材を行った、6名の元役員・現役員も、「住田光学ガラスの特徴は、素材から製品までを一貫して手掛けている点」と全員揃って述べている。

ある役員は、その具体的なメリットとして、このような例を挙げた。

「私たちの製品に、何か問題があってクレームが入ったら、営業担当者などが先方に出向いて問題のあった製品を回収し、お話を伺います。これは、どんなメーカーさんでも同じことはしていると思うのですが、その問題の根本が素材にある場合があるんです。

たとえば、ある光ファイバー製品がボロボロになってしまったことがあって、お話を伺うと水の中で使っているという。そして、調べてみると、ガラス自体が水に弱かったんですね。ここで、素材を手掛けていないと、製品をつくるプロセスで解決できるアイデアが出なければお手上げになってしまいます。また、それがあっても、対症療法的な解決になりますが、私たちは水に強い素材をつくって改良しよう――という根本的な対策がとれるわけです」

光ファイバーの開発

住田の100年の歴史の中で、光学ガラス製造と並ぶもう1つ大きなトピックと言えるのは光ファイバーの開発だろう。

ファイバー検査風景

ファイバー組み立て風景

この光ファイバーも、住田の社風、進の経営方針があってこそ生まれた製品だ。

昭和中期までの住田光学工業、住田光学硝子製造所を牽引してきたのは、住田利八と住田進親子の発想力や行動力である。

しかし、同時にトップ一人の発想や知識だけではいずれ頭打ちになると考えていたのか、1961（昭和36）年から、開発担当の若手技術者を大阪工業試験所に派遣するなど、**学びの場を持たせる**ことを重視していた。

また、大阪工業試験所以外の研究所

にも、大学や高専を卒業したばかりの新入社員を派遣し、勉強させるなどの取り組みが行われている。

そして、光ファイバー開発のきっかけも、大阪工業試験所で研修を終えて帰ってきた社員の一人であった。

光学ガラス製造とレンズ加工が軌道に乗った頃から、進は次なる看板製品を必死に考えていたという。

ちなみに、そんな時期に若手社員を研修に派遣していたのは、進や数人のベテラン開発社員は開発に取り組むだけで手一杯で、若い人材をじっくり育てる余裕がなかったという側面もあったようだ。

世の中にないものをつくる

1966（昭和41）年、ある社員が持ち帰ってきた技術を用いて、光ファイバーの開発が始まった。

私たちが色を知覚するのは光の乱反射があるからで、透明に見えるガラスなどは、品質が良く、光の乱反射や吸収が少ないからこそ透き通って見える。

つまり、中で光を通して通信等を行う光ファイバーも、透明であることが望ましい。透明に見えないということは、光が乱反射などで拡散し、効率が下がっている証左であるからだ。

ところが、住田初の光ファイバーは、光学的性能が低い黄色みを帯びた製品になってしまう。

ただし、現在のインターネットの原型が生まれるのが、数年後の60年代末という時代である。仮に、透明で質の高いファイバーができていたとしても、それをどう商売に使えばいいのかは、そもそも分かっていなかった。

唯一、確実なのは**「まだ誰も取り扱っていない」**こと。

常々、社員に**「10トンの光学ガラスを効率よくつくる技術よりも、1トンの異なる光学ガラスをつくれ」**と語っていた進にとっては、誰も扱っていない光ファイバーに勝算も見出していたと言えるのかもしれない。その後も光ファイバーの製造は続けられた。

今では住田光学ガラスを支える光ファイバー事業だが、この事業が会社の助けになるには、10年以上の時間を要している。

この時期の光ファイバー事業を知る元役員によると、自社製の多成分ガラスファイバーは需要がなく、当時はプラスチックファイバーを優先的に輸入していたという。そのプラスチックファイバーも黄色みのある性能が低いもので、飲食店などに置かれる照明品、装飾品に加工・販売されていた。

そもそも質が悪いために、そのような用途にしか使えなかったそうだが、今の住田からは想像もつかない事業である。

もちろん、そのままで良いはずもなく、進や元役員らは自社製ファイバーの品質向上に必死に取り組んだ。

・試行錯誤を繰り返しながら、透明性と安定性を徐々に高めていく住田の歩み。
・社会の進歩から少しずつ生まれていく、光ファイバーを必要とするニーズ。

この2つが噛み合うことで、次第にビジネスとしても結果が出るようになっていった。

他社から頼られる技術にこそ、未来がある

このような成功は、単に運だけで導き寄せるものではない。

戦前、豊川海軍工廠の技官の相談を解決し、業績を伸ばしたエピソードを先述したが、自由な発想、発明だけでなく、**他社の要望に全力で応える仕事ぶり**も住田の特徴である。

光ファイバー事業も、代理店の営業担当者が集めた取引先の要望を聞き、「こんな製品でその悩みを解決できないか?」と試行錯誤することで、気づけばビジネスになっていったという。

「自由に、自在に、しなやかに」を理念とする住田光学ガラスだが、このような他社きっかけの開発がヒット製品の種になることも多い。

初めてまとまった売上を獲得した光ファイバー製品は、ガス湯沸かし器やタクシーメーターの部品である。これも、既存の商品の課題解決やアップデートに、光ファイバーが活

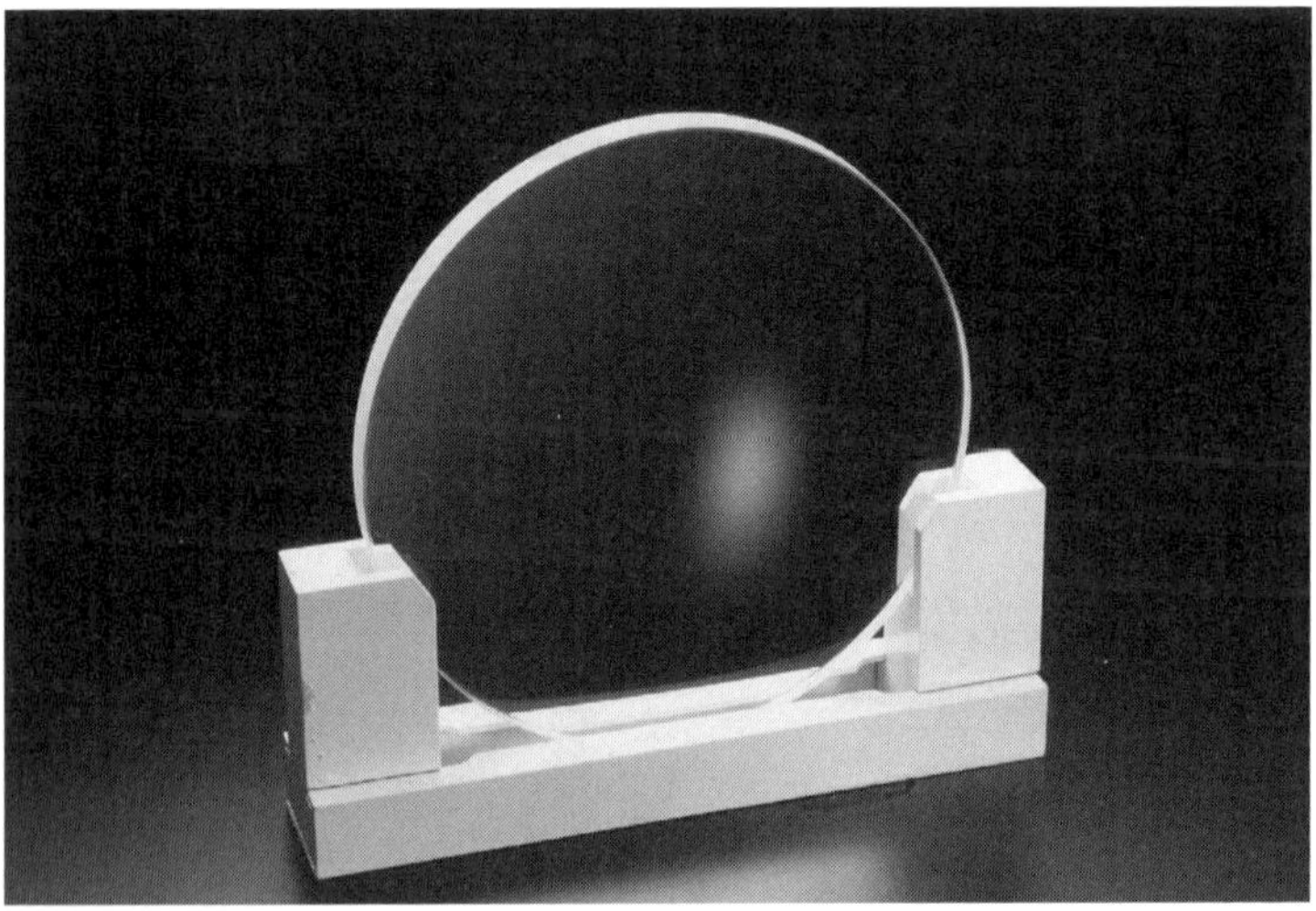

ホタロン

用されたものだった。

冒頭の対談で、現在の放し飼いの鶏を意味するキャラクター「ナゼ太郎」ができる以前から、住田進が「良い意味で放し飼いになっている社員」が多いと言っていたと現社長の住田利明が述べている。

実際に、本書のために取材した元役員や役員の多くが、この戦前からの伝統を受け継ぐ仕事ぶりを語ってくれた。進の功績を振り返る本項で、それらの証言も併せて紹介したい。

住田の歴史に残る光学ガラス「ホタロン」の開発に携わった元役員は、

ルミラス

「国内カメラメーカーの部長さんからの相談で、レンズに使っている蛍石の結晶は色々と問題があるので『使わないで同じものができればいいんだけど』という一言。これが開発のきっかけです」と教えてくれた。蛍石は光学特性が高いものの、非常に扱いにくく、人工素材での代替は当時の光学業界の目標の一つだった（実験レベルでは成功例もあったが、工業化は実現していなかった）。

そのため、ホタロン開発は海外からも驚きを持って迎えられ、アメリカの専門誌『Photonics Spectra』主催の「第1回ベスト25優秀製品賞」に選ばれている。

また、ある役員は、新しい発想の原点について問われた際に、このように答えている。

「自分で考えることも、営業の人などに言われることもありますし、お客様のニーズから始まることもあります。実際にヒットする製品は、『それが実現したら買ってくれる人がいる』という状況ですから、お客様のニーズから生まれたもののほうが実は多いのかもしれません。

私の例で言うと、機能性蛍光ガラス『ルミラス』もそうです。これは目に見えない微弱な紫外光を可視光に変換できるガラスで、以前からなんとなく『光ったら面白い』だとか、『そのためにはこんな風に……』といった考えはありました。それが、あるとき『紫外線レーザーを見えるようにできないかな?』とお客様に言われて、本格的に取り組み始めたのです。良く言えばマーケットインの発想ですが、その出発点は本当に一人だけ、一社だけのニーズだったりするんですよ」

このような考え方を、「住田イズム」と呼ぶ元役員もいた。

「今では駆け込み寺的に認識していただき、他で『難しい』と言われた話がウチに来ることもあります。昔からそのようなご相談、お悩みを解決してきた積み重ねがあってのものだと思います。

そんな相談には全力で応える。それが『住田イズム』だと思いますね。開発費とかお金の問題じゃない。計算したら『やっていられない』と判断するようなものだったとしても、そういう話を一生懸命聞く。それが将来の糧を育んできたんじゃないでしょうか」

さらに、住田イズムはビジネスにおいても効果的だという。

「レベルの高い相談をしてくる方は、その企業の中でも優秀な人だったりするものです。だから、出世していくことがままある。そのお悩みを解決すると、結果的にその企業と長く付き合える可能性が高くなる。また、尖った相談が自分たちのアイデアに援用できることもありました」

田島田部原工場開設

光学ガラスの自社製造、光ファイバーの開発と並ぶ、住田進時代の大きなトピックとして、福島県への進出が挙げられる。

実は〝技術者〟たる進は、自分の目が届かない場所、規模にビジネスが大きくなっていくことを好んでおらず、工場新設に乗り気ではなかったという。

しかし、高度経済成長期の只中で、日々舞い込んでくる注文をこなすだけでも、浦和の工場だけでは厳しくなっていった。さらに、人材の確保も大き

田島田部原工場航空写真（1998年頃）

田島工場開設頃の写真

40周年祝賀会での住田進

1970年	田島田部原工場開設
1979年	弥五島工場開設
1985年	田島長野工場開設
1996年	田島田部原工場に光学ガラス熔解工場増設
2001年	田島田部原工場に非球面レンズ製造工場増設
2010年	田島工場で「医療機器製造業許可」取得
2013年	田島工場でISO、医療機器修理業許可、動物医療～許可　取得
2014年	第二種医療機器～　取得
2015年	田島田部原工場内に医療機器製造工場新設
2021年	田島田部原工場に非球面レンズ関連製品製造工場を併設

田島工場の歴史

な問題だった。埼玉県から離れた場所に拠点をつくれば、新しいエリアで住田を知る人を大きく増やすことができる。採用面からも、地方進出は避けられない情勢だった。

最終的に、いくつかの候補地を視察した上で、現在の福島県南会津郡南会津町に田島田部原工場が開設された。1970（昭和45）年のことである。

その後も、1979（昭和54）年に弥五島工場、1985（昭和60）年に田島長野工場を開設するなど、住田光学ガラスと南会津の縁は今日まで続いている。

また、南会津では地元企業としての知名度も高い。その点からも、福島進出は大成功だったと言える。今日まで、数多くの福島県出身者が入社し、南会津の工場や、浦和の本社で活躍している。

三代目・住田正利の顧客拡大

結果的に、住田光学ガラスは、その前身から住田利八、進、進の長男・正利と三代に渡って続くことになるが、住田正利は元々住田に入社する予定はなかった。

1948（昭和23）年生まれの正利は、青山学院大学理工学部経営工学科に入学している。

一見、身をもって専門知識の重要性を学んだ、父親の意向があるようにも思える学部・学科だが、これは単なる偶然だった。進から跡を継いでほしいと言われたことは、正利の弟で現社長の利明を含め、一度もなかったという。

正利本人もそのつもりで、卒業後はアメリカ・フォードの自動車販売会社に営業マンとして入社し、トップセールスとして活躍する。

ところが、上司や先輩の指導や振る舞いに疑問を抱くようになり、正利はその会社を2

住田正利

年で退社してしまう。

これが彼と、住田の運命を大きく変えた。

住田進が、就職活動をしている正利に、住田光学硝子製造所に入社し、光ファイバー事業に取り組まないか――と声をかけたのだ。

当時、光ファイバーの営業担当者は2人、月商も約200万円しかなかった。

しかし、もしかしたら進には、光ファイバー事業が伸びていくビジョンが見えていたのかもしれない。

また正利も、そのくらいの体制のほうがむしろ働きやすいとポジティブに受け取り、悩んだ末に入社を決意した。1973（昭和48）年のことである。

光ファイバーの医療機器展開

結論から先に述べると、住田正利は、現場で奮闘した開発・製造スタッフと並ぶ、光ファイバー事業を成長させた立役者でもあった。

前項でも述べたように、住田の成長・歴史と、顧客からの相談・提案は切っても切り離せない。

そして光ファイバーも、前項で触れた〝住田イズム〟で成長しており、顧客の要望を吸い上げる上で、正利の貢献は非常に大きかった。

彼は現場スタッフからレクチャーを受け、競合製品も調べ上げた上で取引先を丹念に周り、新しい用途を探った。

すると、次第に他社から「こんなことができないか」と相談や提案が寄せられるようになり、その意見に現場が全力で応えるうちに、ガス湯沸かし器やタクシーメーター等のセンサー、顕微鏡などの照明に限られていた用途も次第に広がっていく。足並みを揃えるように売上も急成長していった。

この時期に、医療用の内視鏡など、現在に繋がる用途開発も実現している。

当時の光ファイバー事業をよく知る元役員は、畑違いの医療機器へ進出した理由を、

「難易度が高く、付加価値が取れるからです。難易度は高ければ高いほど、チャンスでもある。自分たちが実現できれば、他社は入ってきにくい。一度ポジションを取れれば、大きなアドバンテージを得られる」

と説明してくれた。正利自身も、近しい、ないしは同根であろう考えを後に示している。光ファイバー事業の成功の理由は、「規模を追い求めなかったから」だという。

進と正利の興味と情熱で動き出したビジネスは、良くも悪くも小規模で、その時点では大規模生産・量産を前提としていない。

だからこそ、開発担当者も動きやすく、他社のニーズに小回りよく対応できた。

また、光ファイバー事業に注力できた背景には、堅調な光学ガラス事業があったが、正利はその点について「いつまでも調子がいいことはないと思っていた」と振り返っている。

ある役員に、今後の光ファイバー事業について尋ねたところ、

「(現在の柱である)イメージガイドが元気なうちに、次の柱をつくりたいですね。イメージガイドが売れなくなっても大丈夫なように、電子スコープや血管内視鏡などが柱になれるようにやっていきたい」

と述べている。

成功事業にあぐらをかかず、常に新しい製品・事業を探そうと模索するのも住田のスタイルと言えるだろう。

世界の「スミタ」へ。海外進出

光ファイバー事業は軌道に乗り、1979(昭和54)年にはヨーロッパ市場に進出する。ある元役員は、フランスやドイツの企業と取引が生まれていった時期のことを、長いキャリアの中でも印象的な出来事として振り返っている。特にドイツの某医療機器メーカーとは技術的な交流も生まれ、住田にとっても得るものが多かったという。

この海外進出を主導したのも正利だった。彼は元々海外志向が強く、英語を使い、海外と関係するような仕事をしたいと考えていた。

輸入車販売会社の退職後も同じ条件で仕事を探している。営業のトップセールスを挙げた人材なら、条件へのこだわりが少なければ、再就職先も簡単に見つかっていたかもしれない。

そう考えると、その海外志向がなければ、進に誘われることもなく、住田光学硝子製造所への入社はなかったかもしれない。

ともあれ、そんな正利にとって、海外進出は渡りに船だった。大いに活躍し、ヨーロッパで現在も続く営業基盤を構築する。

さらに1981（昭和56）年には、アメリカ進出に向けてニューヨークに米国駐在員事務所を開設し、自ら駐在員となってアメリカに滞在した。

ところが、その後アメリカでの売上は伸びるものの、1985（昭和60）年に日本に戻ることとなる。ヨーロッパとは異なり、継続的にアメリカ市場でビジネスが継続できる基盤が確立される前の、失意の帰国であった。

その理由は内外にあった。

まず内では、国内の光ファイバー事業が縮小していた。新たな営業担当者が、顧客との関係性をキープしきれず売上が減っていた。海外で売上を伸ばしても、国内の売上が減っては元も子もない。

さらに外では急激な円高が進む。85年の「プラザ合意」を契機に、1ドル235円だった相場は、ほんの数年で、今日私たちが目にするような、1ドル100円台前半のそれになってしまった。

技術と営業の狭間

帰国した正利に待っていた問題は、光ファイバーだけではなかった。住田の肝心要、光学ガラス事業にも大きな問題が隠されていた。

正利が光学ガラスの原価管理を試みたところ、莫大な費用がかかっている上に、不良在庫も山のように見つかった。

〝技術者〟たる住田進は、製品や装置の開発に集中し、経営は当時の専務に任せきりだった。同専務は住田の成長を支えた功労者ではあったが、技術や社会の進歩に合わせてマネジメント手法をアップデートできなかったのかもしれない。

正利が帰国した85年は、今日まで住田光学ガラスを支える柱となっている研磨不要の超精密ガラスによる非球面レンズを、松下電器産業（現在のパナソニック）開発研究所と共同開発した年である。

その前年にも、ダイレクトプレスによるレンズ素材の成形も開始しており、住田の技術力は当時から高く評価されていた。

しかし正利は、経営面に対する危機感を拭えなかった。帰国を命じた進からは、光ファイバー事業の立て直しを期待されていたが、専務の統括する光学ガラス事業も自分に任せてほしい――と進退をかけて父に訴える。

専務は後継者候補であり、これまでの功も大きい。正利に跡を継がせるつもりがなかった進は大いに悩むが、当時の経理部長の助言を受けて、正利を専務に登用し、会社全体の経営を任せる決断を下した。

社内を取り仕切るようになった正利は、その手腕をいかんなく発揮していく。

その背景には、従業員への強い思いがあった。

正利が現社長・住田利明と共に取り組んだことの一つに、社屋の建て直しがある。今回インタビューした元役員および役員で、以前の本社を知る者はみな、当時の本社は古い学校のようだったという。

ある役員は「正直、『ここで研究するの？』と驚きました。木造の研究棟で、廊下はギシギシ鳴るし、階段は落ちるんじゃないかと。昔の学校のような印象でした」と振り返っている。コンピューターを使用する部屋以外にはエアコンもなく、研究棟はまだしも、光学ガラスを製造する工場の暑さは大変なもので、とても良い環境とは言えなかった。

結果的に同族企業となっている住田だが、正利は同族企業だろうが、中小企業だろうが、人が働く限り企業は社会の公器で、今働く従業員や、これから働く未来の従業員が、楽しく、満足に働ける場所でなければならない――と考えていた。

そんな正利の姿勢について、ある元役員はこのように述べている。

新社屋・現本社

「進社長は技術者でしたが、正利社長は経営者。会社を継続する、潰さないことに対する責任感が非常に強い人でした。

面倒見もよく、新しい仕事を受けるとき、必ず一緒についてきてくれる。失敗すると一緒に謝ってくれて、上手くいくとランチを振る舞われて。全体的な責任を負って、現場と二人三脚で仕事をしてくれました」

1989（平成元年）年、正利が代表取締役社長に昇格する頃には、社内にその理念が行き渡り、経営状態も再び上向きになっていた。

「放し飼いの鶏」たちの活躍

住田正利が代表取締役社長に就任する1年前、1988（昭和63）年に、住田光学硝子製造所は「住田光学ガラス」に社名を変更する。

このとき、住田の理念を体現する放し飼いの鶏、マスコットキャラクターの「ナゼ太郎」も誕生している。

ここから、住田は順調に成長していく。

元々定評のあった技術力で、これまでに触れた「ホタロン」（1987年開発）等の光学ガラス、赤外線チェッカー「ヤグラス」（1994年開発）や「ルミラス」（青色蛍光ガラス「ルミラスB」は1996年開発）のような機能性材料、低価格ファイバースコープ「ミエラー」（1988年開発）等の光ファイバー製品、など新製品が次々に生まれていく。

松下電器産業と共同開発した非球面レンズも、1990（平成2年）年には自社製非球面レンズの販売を開始している。

正利は、管理体制や営業体制を見直し、組織としての体制を整えていく。

放し飼いと言っても、何もかもが自由では野生と変わらず、業務が成立しない。前専務の体制は、その点に問題があったのかもしれない。

当時、管理体制の見直しに携わったある役員は、「直接部門は完全に自由自在、とはいきません」と、当時の仕事ぶりをこう説明する。

「1988年に入社して、設計を数年経て、前職で経験していた品質管理に携わることになりました。それまでの田島工場には品質管理という概念があまりなく、作業者の腕任せ。そういう意味では自由すぎたわけです。

設計担当者も、現場の組み立ての腕を知らないので、図面を書いて試作時に『素晴らしい』と評判を受けた製品が、作業者が変わった量産時にガッカリされてしまうこともありました。

そのため、個々人の中にしかなかった作業や品質チェックの基準を集めて工場共通の基準を構築していきました。基準ができてからも、『この作業に何分かかる』などとタイマーで測って管理・向上に繋げるなど、地道な改善を積み重ねています」

技術の知識がある営業担当者らが、社内の研究開発の成果を見て「これは何かに使える」とアドバイスし、そこから新製品が生まれることもあった。

ヤグラスに繋がる、1992（平成4）年に開発された、住田初の赤外線チェッカー「フォトターキー」は、正利の発言から開発が進められたと、ある役員が証言している。

市場よりも、個々人の研究優先⁉

正利は、手綱を締めるべきところは締めながらも、住田らしさは失われないマネジメントを心がけていたのだろう。この時期、住田は業界で話題になる新製品を毎年のように発明しているが、そのやり方は、今と変わらない。

「良い新製品の開発が続きましたが、いちいち予算を組んでやったわけではなく、結果的にそうなったというか……。お金もそんなに使っていなかったはず。ドンと売れたい、とか欲を出さない。ほどほどの欲でほどほどで満足する。ウチは社長も代々欲がないんです」

こう述べる、ある元役員の証言は、冒頭の対談で現社長・住田利明が話した内容と近しい考え方である。

ちなみに、バブル時代についても「とにかく研究に打ち込んでいたので意識したことがない。その間バブルの恩恵を受けたこともなければ、バブル後に研究費に困るようなこともなかった」と証言してくれた。


この、「予算を組まない」開発は住田の特徴と言える。別のある役員は、ナゼ太郎の文化について質問したとき、こう答えている。

「ナゼ太郎は養鶏場ではなく庭飼いの鶏。農家の庭飼いの鶏は、エサも勝手に食べるし自分のテリトリーも持っている。野生じゃないけど自由。キャラクターができる前からそうです。

私の仕事も、『価値のあるガラスをつくる』。ただそれだけで、初めてやることはどれくらいお金がかかるかも分かりませんが、そういうことを気にせずやらせてくれるし、止められることもない。いちいち予算を組んでやったこともないんです」


また、その元役員の下で長く働いた別の役員も、このように話している。

「あまりマーケットのことは考えていません。面白いかどうか。自分たちがつくっているものを使ってもらえそうならやる。明らかに微妙そうだったら止めることもありますが、大体やっている間は、良くも悪くも何も分からない。分からないものは判断できないから、やっちゃう。『これは止めたほうがいいかも』という判断ができない研究は突っ走ってしまうんです。

どんな研究者も、普通じゃないことを頭の中では考えていると思います。でも、それを実際にやれてしまうのが住田です」

理想と現実、そして浪漫

このように、住田光学ガラスはバブル景気とその崩壊もどこ吹く風で、ナゼ太郎の文化でひょうひょうと歩んできた。

2004（平成16）年には、天皇陛下（現上皇）の行幸を賜り、**「これからもどんどん新しい物をつくってください」**とのお言葉をいただいている。

ところが、リーマン・ショックの時期に大きな打撃を被ることになる。2008（平成20）年には売上が最盛期の半分の赤字となり、2013（平成25）年に黒字回復するが、翌14年までは売上がなかなか伸びなかった。

住田100年の歴史の中でも、最大の危機だった。

対談で現社長の住田利明が話しているように、ずっと順調なビジネスなどない。

では、この時期をどう乗り切ったのかというと、インタビューした元役員・役員らは、基本的には気がつけばやり過ごしていた——といったニュアンスの感想を述べている。「冬眠しよう」という利明の言葉を裏付けるようだ。この時期に、正利が「待てば海路の日和あり」と言っていたという証言もあった。

そんな中、唯一苦しい経験を語ったのが、工場長を務めるある役員だった。

たしかに住田光学ガラスは、正社員については一人のリストラもせずに済んだ。ただ、今後順調なら大きく増産する予定だった製品のために雇用され、工場で働いていた契約社員はリストラすることになってしまったのだという。彼は当時を「本当に辛かった」と振り返った。

正利の急逝。四代目・住田利明への交代

血を流す苦しみもあったものの、大きく見れば「冬眠」でどうにか危機を残り越えた住田であったが、この時期、リーマン・ショックと並ぶ出来事がもう一つあった。

2009（平成21）年、住田正利が急逝し、弟の住田利明が代表取締役社長に就任した。

利明は1974（昭和49）年に住田光

住田進、利明、正利

学硝子製造所に入社している。

兄と同じく跡を継ぐつもりはなかったが、青山学院大学経営学部4年生になり、就職活動を考えていたとき、「会社の経理担当者が退職するので困っている」と相談され、住田に入っている。

その後、経理、総務、人事、財務などのバックオフィス業務に取り組み、兄弟それぞれの領域を尊重し合い働いてきたが、09年10月に社長となる。

この事実だけを見れば、紛れもなく重大な出来事である。

しかし、社内が大きく変わることはなかったという。この時期、役員報酬は大幅に削減されていたが、当時社員だったある役員は、「ボーナスが減ったな、というくらい。特に変わりはなかった」と当時を振り返っている。

開発や製造には携わらずとも、社内を長く見てきた利明は、父や兄が築いた開発や製造、販売の体制に信頼を寄せていた。自身の知識や経験が乏しくとも「現場に任せればいい」と考え、社長になる覚悟を決めたという。

この役員の発言は、その考えが実践されていたことを裏付けるものと言える。

また、リーマン・ショック時の危機を招いた要因は、社会情勢だけではなかった。

光システム部を率いた元役員は、

「2008年前後は、リーマン・ショックの影響も大きかったが、スマートフォンが普及していったのも原因としてあります。当時、住田はコンパクトデジタルカメラのレンズがかなりシェアを取っていて、その売上が大きく落ち込んだ時期でもあったのです」

と振り返る。その当時、だからこそ「新しい事業を伸ばさなければ」という意識が強かったという。

両利き経営

既存事業の「深化」と新規事業の「探索」の両利き経営は、光ファイバーから続く住田のスタイルでもある。

とはいえ、過去の住田の新製品、新事業への取り組みは、好調なビジネスがあり、その売上・利益を原資に行われた。

ある元役員に、会社が売上減に苦しむ中での研究開発は、これまでのそれと違い、失敗できないプレッシャーがあったのではないか——と尋ねると、

「もはや趣味になっていたから、そこまで会社の未来を背負わされる意識もなくやっていました」

という答えが返ってきた。

リーマン・ショック時、自らの仕事そのものの困難を語った元役員らがいなかったことを考えると、これはその元役員がいた部署に限った話ではないようだ。

別の元役員も、住田の技術力について尋ねられたとき、その根本にあるものを「好奇心だと思います。ガラスがみんな好きなんじゃないか」と答えている。

住田正利が生前に語った「待てば海路の日和あり」とは、悪天候が続いても、待っていれば必ず航海に適した天候を迎える、という意味だ。

実際に、売上減に苦しんだ時期にまいた種が花開き、２０１３年に黒字回復し、以降は売上も上昇トレンドに乗っている。

正利の言葉を、利明や社員たちが証明してみせた格好だ。

とはいえ、今回、当時を知る元役員・役員らにインタビューをして分かったことがある。

それが、住田利明が対談で語った「冬眠」は、危機に瀕して特別な取り組みをしなかった、という意味であり、各部署で、リーマン・ショック以前から続いていた、様々な取り組みが粛々と行われていた――ということだ。

そして、過大な費用を使うようなことはしなかったが、それらの中から花を咲かせたプロジェクトが、その後の回復期に大きく貢献している。

続く第2章では、それらの取り組みがどのようになされ、住田光学ガラスが復活したのかを見ていきたい。

第2章

苦境からの脱出。住田光学ガラスの現在地と各事業の挑戦・取り組み

苦境からの脱出。各事業の挑戦・取り組み

第1章では、住田光学ガラスの前身となる住田光学硝子製造所の創業者・住田利八から、住田進、住田正利と、3代の経営者の歩みと共に弊社の歴史を振り返ってきた。

この第2章では、兄・正利の急逝を受けてその跡を継いだ、4代目・住田利明の時代と、売上低迷期を乗り越えた現場の取り組みを見ていきたい。


前章で元役員の証言を紹介したように、売上低迷の原因はリーマン・ショックだけではない。スマートフォンの急激な普及および性能向上によって、大きなシェアを取っていたコンパクトデジタルカメラのレンズ需要が大きく減ったダメージも大きかった。

この苦境をどのように乗り越え、売上を回復させたのか。その取り組みを、光学ガラス・光ファイバー・光システムという事業単位別に振り返る（当時の組織内の名称とは異なる）。

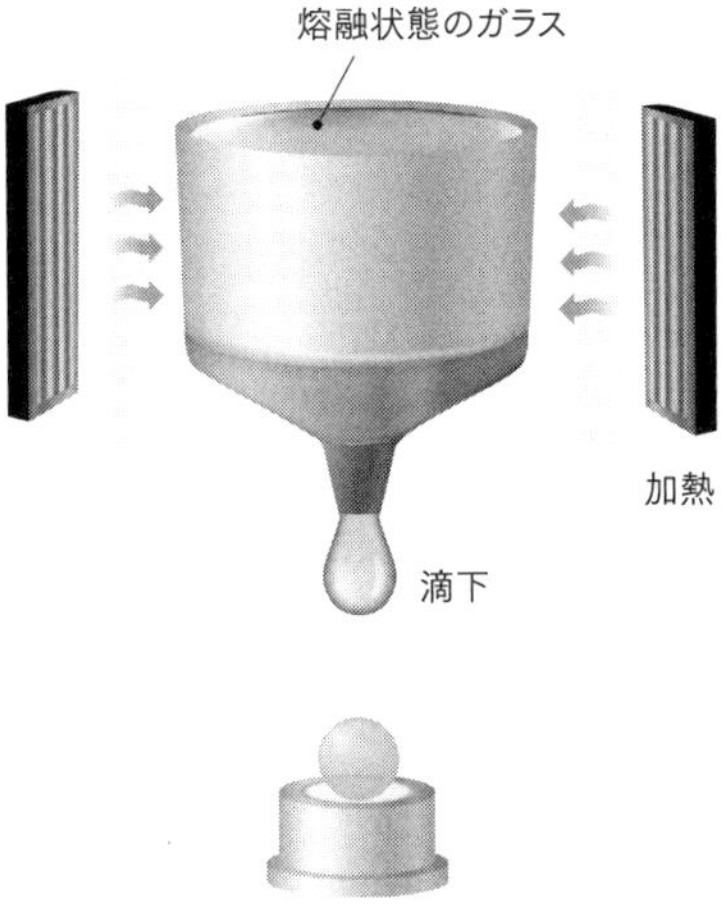

PGの製造イメージ

光学ガラス部門の挑戦・取り組み

光学ガラス部門において、2000年代から売り上げ比率が高くなっていた非球面レンズ用ガラスの販売量をどのように増やすかという点が利明社長時代の大きな課題であった。そこで重点的に力を注いだのが非球面モールドレンズプリフォームの一つである**「精密ゴブ（PG）」**の強化だった。

PGはprecision gobの略で、精密な塊を意味する。

通常のガラス製品はブロックを削り、磨く加工を経てレンズなどに成形され

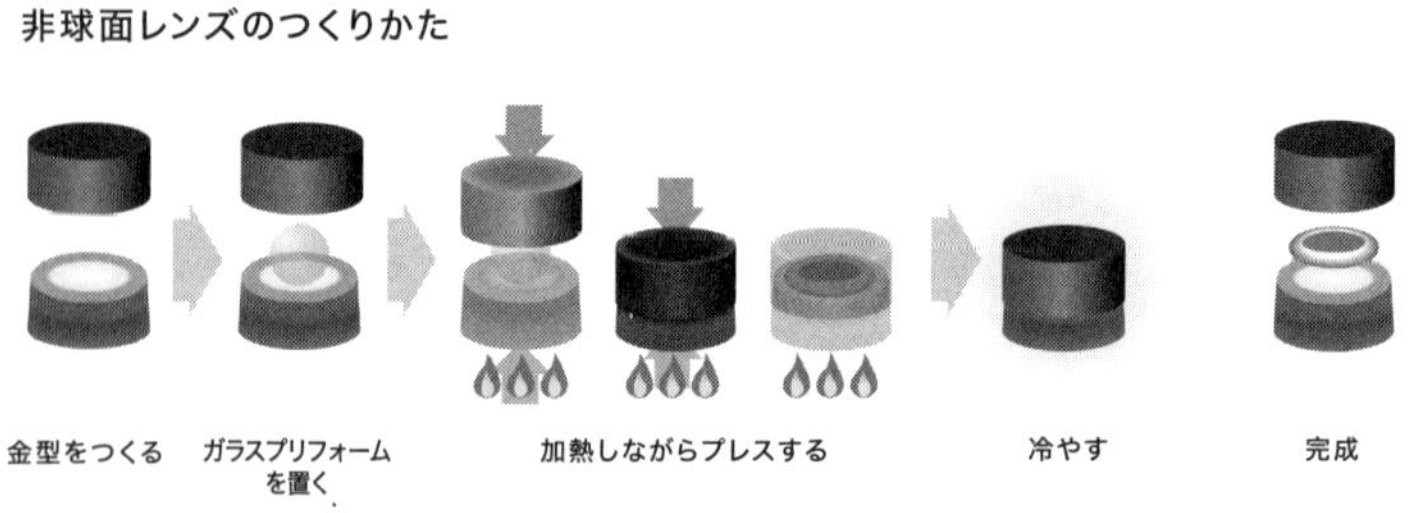
非球面レンズのつくりかた
金型をつくる
ガラスプリフォームを置く
加熱しながらプレスする
冷やす
完成

ガラスモールドの製造工程

る。

対して、ＰＧはガラス融液を滴下させる工程でつくられるので、加工の手間や費用もかからず、余分なガラスも消費せずに済む。

　このＰＧへの取り組み自体は、１９８０年代、松下電器産業（現在のパナソニック）開発研究所と、非球面レンズを共同開発していた時期から行われていた。

　非球面レンズは形状が複雑なため、これまでのレンズのように研磨でつくることが難しく、そのブレイクスルーになったのが「ガラスモールド」という工法だった。非球面の形の金型に、「プリフォーム」という完成形に近いガラス材料を入れ、プリフォームを加熱して軟化させた後、プレスする。

このガラスモールドには、レンズを製作する最後のプロセスでの研磨が不要になるものの、プリフォームが完成形に近い形でないと成形に使えない問題点があった。そのため、非球面レンズが実用化した当初は、ガラスモールドの金型に合うプリフォームを、ガラス材料を削り、磨いてつくっていた（研磨プリフォーム）。

ただ、その開発当初から、非球面レンズの全製造プロセスで、切削や研磨なしの製作ができる可能性もあるのではないか――というアイデアが現場にはあり、ＰＧにも並行して取り組んでいたという。

それぞれのプロセスを、具体的に比較すると次のようになる。

【研磨プリフォーム】

1　ガラス熔融↓
2　板ガラス製造↓
3　切断・成形↓
4　研削・研磨（＝研磨プリフォーム完成）↓
5　モールドプレス成形↓
6　モールドレンズ完成

【PG】

1　ガラス熔融↓
2　ゴブ製造↓
3　モールドプレス成形↓

4　モールドレンズ完成

このように、熔融されたガラスから直接製造されたプリフォームを「ゴブ」という。研磨プリフォームと比較すれば一目瞭然だが、ゴブは加工工程が少なく、効率的に生産できる。切断や研削によるガラス屑（汚泥）も発生しない。また、研削・研磨工程には研削液・研磨剤が用いられるのだが、その廃液も出ないので環境負荷も少なくなる。

そんなＰＧが初めて商品となったのが、１９９０年代だった。

１９８０年代末から、ＣＤプレーヤーの非球面ピックアップレンズ（ＣＤのデータを読み取るためのレンズ）の需要が増え、その当時は研磨したプリフォームを販売していた。ＰＧへの取り組みはその当時も並行して進められ、ガラス融液の滴下によるゴブ製造には成功していたが、精度がまだ不足していた。

その後、改良を重ね徐々にＰＧの採用が増えていった。１９９０年初めには「Ｋ－ＶＣ７９」というガラス材料が、ビデオカメラ用の非球面レンズプリフォームに採用されるようになる。

台数が増えることになる。

強みの再認識。制限があるからこその発想

コンパクトデジタルカメラも同時期に登場し、２００４（平成16）年頃から一気に販売台数が増えることになる。

住田の高屈折率低分散ガラス（Ｋ－ＶＣ８９）は、その前からデジタルカメラの非球面レンズに採用されていたが、その非球面レンズ用のプリフォームが全てＰＧだったわけではない。

ＰＧの品質は大分向上しており、非球面レンズへの使用も可能になっていたが、それは条件付きだった。

研磨がない分コストダウンできるＰＧだが、金型を使用しない分、形状の精度はどうしても落ち、ガラスモールドの金型に少し合わないプリフォームも出てしまう。

そのＰＧのプリフォームをプレスするには高い技術を要し、それができるのはある大手カメラメーカーのみだった。それ以外のメーカーは研磨したプリフォームを使用していた。

ＰＧをもっと売りたいが、カメラメーカーやレンズメーカーの技術が向上しなければ買ってもらえない。光学ガラス部門ではその当時から、この状況を打破したいと考えていた。

その後、リーマン・ショックとコンパクトデジタルカメラ市場の急激な縮小に直面し、光学ガラス部門にとって新商品開発や販路開拓は急務となるが、危機に直面する前から同じ課題に取り組んでいたことが分かる。

ただ、課題解決の方向性は、時期によって変わっていった。

当時を知る役員によると、「リーマン・ショック以前は新素材や新商品の開発に取り組むべき」だと考えていた。しかし、２０１０年頃になると、「自分たちの強みはやはりＰＧなのではないか」と考えるようになっていったという。

本書冒頭の対談で、住田利明が厳しい時期に新しいことに取り組むと、経費を切り詰める必要があるので、必要最小限のことだけするようになり、結果、ちょうどいい設計になる——と述べているが、そのような感覚で、自分たちの足元を見直したとき、ＰＧの良さに改めて気づくような思いがあったのかもしれない。

そして、一度ＰＧに目を留めると、やるべき方向性はすぐに見えた。デジタルカメラ用の非球面レンズの需要は減少しているので、他分野の非球面光学素子にもっとＰＧを使ってもらえるようになればいい。

そこで目をつけたのが、早くからＰＧが採用されていたピックアップレンズだった。ＣＤやＤＶＤプレーヤーなど、既存のデバイス以外に使えるものがないかとリサーチしたところ、光通信用のレーザーを使う送信デバイスが見つかった。

その送信デバイスはボールレンズを使用しており、ちょうどメーカーの担当者も非球面レンズにしたいと考えていたところで、ＰＧを使った非球面レンズを提案したところ採用され、コストが下がるだけでなく、性能も向上した。

このような提案型の営業で結果が出始め、２０１２（平成24）年以降、ＰＧの需要増に支えられ、光学ガラス部門は持ち直していった。

さらに今では、ＰＧ製造技術の進歩によって、一眼カメラのような撮像系の非球面レンズにも、ＰＧをプリフォームとして供給できる状況が増えている。

加えて、素材となる光学ガラスの品質も年々向上している。住田の「Ｋ－ＶＣ８９」は、先述のコンパクトデジタルカメラへの採用をきっかけに、性能を評価され、世界中に広がっていった。

近年もさまざまな光学ガラスが開発されており、中でも「Ｋ－ＳＫＬＤ２００」はＰＧの生産性の高さとモールド成形の容易さから、「非球面レンズに特に向いているのではないか」と社内では考えられており、Ｋ－ＶＣ８９に続く次世代のスタンダードとなることを期待されている。

光ファイバー部門の挑戦・取り組み

続いて、光ファイバー部門の取り組みについて触れる。

光ファイバーは大きく分けて、光を伝送する目的の「ライトガイド」と、画像を伝送す

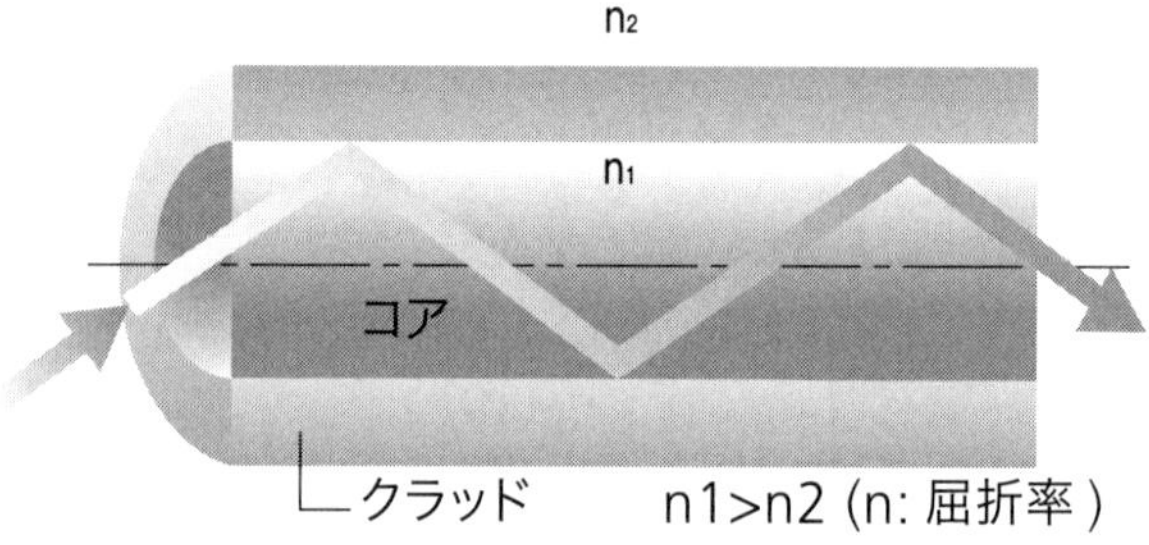

ファイバー構造図

る目的の「イメージガイド」に分類できる。

後者のイメージガイドは、住田光学ガラスが過去最高の売上・利益を上げた2005年までの躍進を大きく支えた。さらに、売上低迷期にも大きく売上を減らすことなく、その後の回復期にはさらに売上・利益を増やした「住田の稼ぎ頭」と言っても過言ではない存在だ。

このイメージガイドも、PGのように昭和後期から開発が始められていた。

ガラスやプラスチックの繊維の中を光が通る光ファイバーは、「コア」と「クラッド」の2重構造からなる。中心のコアは屈折率が高く、その周りを覆うクラッドは屈折率が低い構造となることで、コア部分を光が通る。

1970年代にはこの2重構造の多成分ファイバーが製造されており、それを束ねたイメージガイドを製造する土台はあった。さらに、「イメージガイド」と呼ばれる他社のファイバー製品がすでに存在しており、住田でも70年代半ばにはイメージガイドの開発に着手している。

まず実用化に成功したのが、2重構造のファイバーを配列よく並べ、積み上げた「積層イメージガイド」だった。1979（昭和54）年、福島県に開設された弥五島工場で積層イメージガイドが生産されている。

そして同時期に**「溶出イメージガイド」**の開発も始まった。

溶出イメージガイドは、コアとクラッドの外側に、酸で溶ける「溶出ガラス」を配置した3重構造のファイバーを配列・加熱一体化した後、細く引き伸ばしたファイバーの溶出ガラスを酸で溶かす。そうすることで、ファイバー同士がバラバラになり柔軟性を持ったイメージガイドになる。

顧客とのやり取りをきっかけに、多くの新商品が生まれている〝住田イズム〟が特徴の住田らしく、このイメージガイドの開発にも、あるヨーロッパの医療機器メーカーの協力が大きかったというのだが、その開発・生産は、今の情報社会からは考えられないやり方で行われていた。

開発初期には、試作品を空港に持参して打ち合わせ、そのメーカーと情報を共有していたという驚きのエピソードが社内に伝わっている。

その後は、性能や生産性に優れる溶出イメージガイドの需要が大きくなり、住田の経営を大きく支える存在となった。

内視鏡の進化と光ファイバー

住田のイメージガイドが売上を伸ばしていく歩みは、内視鏡の進化の歴史と足並みを揃えている。

光ファイバーが生まれた1960年代以前の内視鏡は、いわゆる「胃カメラ」のみだった。今の胃カメラとは違い、小さなカメラそのものを入れ、カメラで撮影する機能しかなく、胃の中を見ることはできなかった。

そこから、光ファイバーを束ねたファイバースコープによって、胃の中を見られるようになる。1970年代後半には、内視鏡の主流は完全にファイバースコープを使ったものになり、新しい内視鏡が生まれるたびに、住田でも新しいサイズのイメージガイドが試作・販売され、評価されていく好循環が生まれていた。

また、住田光学ガラスの光ファイバーの特徴として、海外市場のシェアの大きさが挙げられる。

1980年代半ばにはライトガイドよりもイメージガイドの売上が多くなっていたが、国内の内視鏡を製造する大手メーカーは光ファイバーも自社製造しており、先代社長の住田正利が切り拓いた海外市場で大きな成果を上げている。

しかし、光ファイバー部門にとって、イメージガイドが今日も住田光学ガラスを支え続けているのは意外な出来事だった。

なぜかと言うと、イメージガイドの需要は激減するものと考えていたからだ。

その理由も、内視鏡の進化にあった。

20年ほど前から、ファイバー式イメージガイドを使用しない内視鏡がつくられるようになり、その流れは止まらないものと予想された。

つまり、その前後の時期では、イメージガイドは間違いなく住田の稼ぎ頭であったのだが、リーマン・ショックが起ころうと起こるまいと、２００８（平成20）年前後や、ましてやそれ以降においては、会社を支える存在ではなくなっていると見込まれていたのだ。

発明だけではない、保守・修理への対応

この予想は、ある面では当たり、ある面では外れる結果となった。

まず、新しい内視鏡におけるイメージガイドの需要減は予想通りの結果となった。近年

はＣＭＯＳ（Complementary Metal Oxide Semiconductor）に代表される、電子センサーを用いたカメラ搭載の電子スコープが新規開発品の主流となっている。

結果、新規開発向けのファイバー式イメージガイドの需要は激減している。特に溶出イメージガイドは、新規開発向け需要は皆無と言える状況だ。


ところが、先述したように、イメージガイドは変わらずに住田の稼ぎ頭であり続けた。２０００年代当初から、光ファイバー部門はカメラ搭載電子スコープの内視鏡が増え、イメージガイドを使うファイバースコープの需要が減ると予想し、次なる柱を見つけなければ——という問題意識を持っていた。

しかし実際には、イメージガイドの需要は減ることなく、むしろ２０１０年頃から急激に増え、住田の売上回復を支えることになる。


その理由が、内視鏡の修理にあった。

内視鏡は頻繁に買い替えるものではなく、修理して長く使うことが珍しくない。

この、修理に使われるイメージガイドの需要が、２０００年代以降、ある程度の増減はあっても、変わらずに住田光学ガラスを支え続けた。
新しいファイバースコープの内視鏡が減ることで、電子スコープの内視鏡ではなく、ファイバースコープの内視鏡を使い続けたいユーザーの、修理に対する潜在需要はむしろ増える格好となったのかもしれない。

光システム部門の挑戦・取り組み

続いては、光学ガラス材料を用いて、非球面レンズ等の精密な光学機器向け製品をつくる光システム部門の歩みを見ていきたい。

第1章で光学ガラス製造や光ファイバーの歴史に少し触れたが、本題に入る前に、光システム部門についてもその成り立ちを簡単に説明する。

その歴史は、非球面レンズの開発から始まっている。

1982（昭和57）年、米コダック社がフィルムを円周状に配置した「ディスクフィルム」を用いたコンパクトカメラ「ディスクカメラ」を発売した。

このカメラに非球面ガラスレンズが搭載されており、これを契機に日本の光学機器メーカーや家電メーカーが、ガラスモールド工法による非球面レンズの開発を一斉にスタートした。

住田光学ガラスでは、第1章で触れたように、松下電器産業（現在のパナソニック）開発研究所と非球面レンズの共同開発を行っている。

ここで住田が担ったのは、ガラス素材の開発だった。非球面レンズのような、精密な形状のガラス製品をつくる金型は、加工しやすい材料を使う必要がある。だが、そのような金属は耐熱性が低くなるので、精密金型を要するガラス製品は、従来の材料よりも軟化点が低いガラスを使う必要がある。

その後、福島県の田島工場では、成型装置と成形工法の開発を始めている。

これが「精密加工開発部」という部署の始まりであり、精密加工開発部が後の光システム部となる（以降、精密加工開発部時代についても「光システム部」と記す）。

顧客ニーズ対応からの発展

その後、非球面レンズとしては、１９９０（平成２）年にある大手カメラメーカーのエンコーダーに搭載されたコリメートレンズが最初の製品となった。成型装置はその前年に他社に納品されたものが初号機となる。

１９９８（平成10）年には、光学素子「楕円ミラー」を開発。これが光トランシーバに搭載され、翌年以降年間約2億円売り上げる、光システム部初のヒット商品と言える存在となった。

しかし、楕円ミラーの好調は2年ほどしか続かなかった。

２０００（平成12）年の後半からＩＴバブルの崩壊が始まり、楕円ミラーの受注が激減した。

その流れに対応するべく、光システム部は医療用レンズ、カメラ付き携帯レンズ、コンパクトデジタルカメラ用レンズ、光通信用レンズ、プリズムなど、多くの業種、製品にアプローチを開始している。

また同時期に、顧客から図面を頂き、その通りに製品をつくる受動的なビジネス形態から、つくりたいもの、求める仕様を顧客からヒアリングし、光学系全体の提案を行う能動的なビジネスを手掛け始めた。

そこから、デジタルレントゲン用の光学系、内視鏡用対物レンズ、錠剤検査装置、3Dスキャナー等、現在も主力となっている製品が多く生まれている。

いかに新製品を開発できるか

光システム部門の成績は、楕円ミラーが売れなくなって以降も、この戦略が功を奏し順調だった。

当時を知る元役員は、リーマン・ショックの時期について、

「開発型の事業展開で、案件数も多くあり焦りはありませんでした。ただ、早期に売上に寄与できるように、開発スピードと完成度を上げる必要がありましたので、そこで最善を尽くすのが最大の目標でした」

と述べている。第1章で、「ボーナスが減ったな、というくらい。特に変わりはなかっ

た」と低迷期を振り返った役員も、光システム部で働く人物である。

また、この時期に光システム部門が独立した事業体として発足している。

それ以前は、光システム部門の売上・経費は光学ガラス部門に含めて計上されていたが、2007年に採算の見える化の一環として独立している。

その時点では、名称はまだ「精密加工開発部」のままだったが、2013年に「光システム部」となった。

この部署名の変更の目的は2つある。

1つは、事業形態を明確にするため。もう1つは、非球面レンズなどの光部品事業から、それらを使用した、より川下のモジュール、システム製品関連のビジネスを伸ばしていきたい――という目標を設定する意味合いがあった。

実際に、この時期の光システム部は新製品の開発にも力を入れている。当時は展示会に1点でも2点でも多く新製品を出展して、新規受注を獲得することに注力し、「ほとんど売れそうにない」と思うものでも「とにかく開発してみよう」と取り組んでいたという。

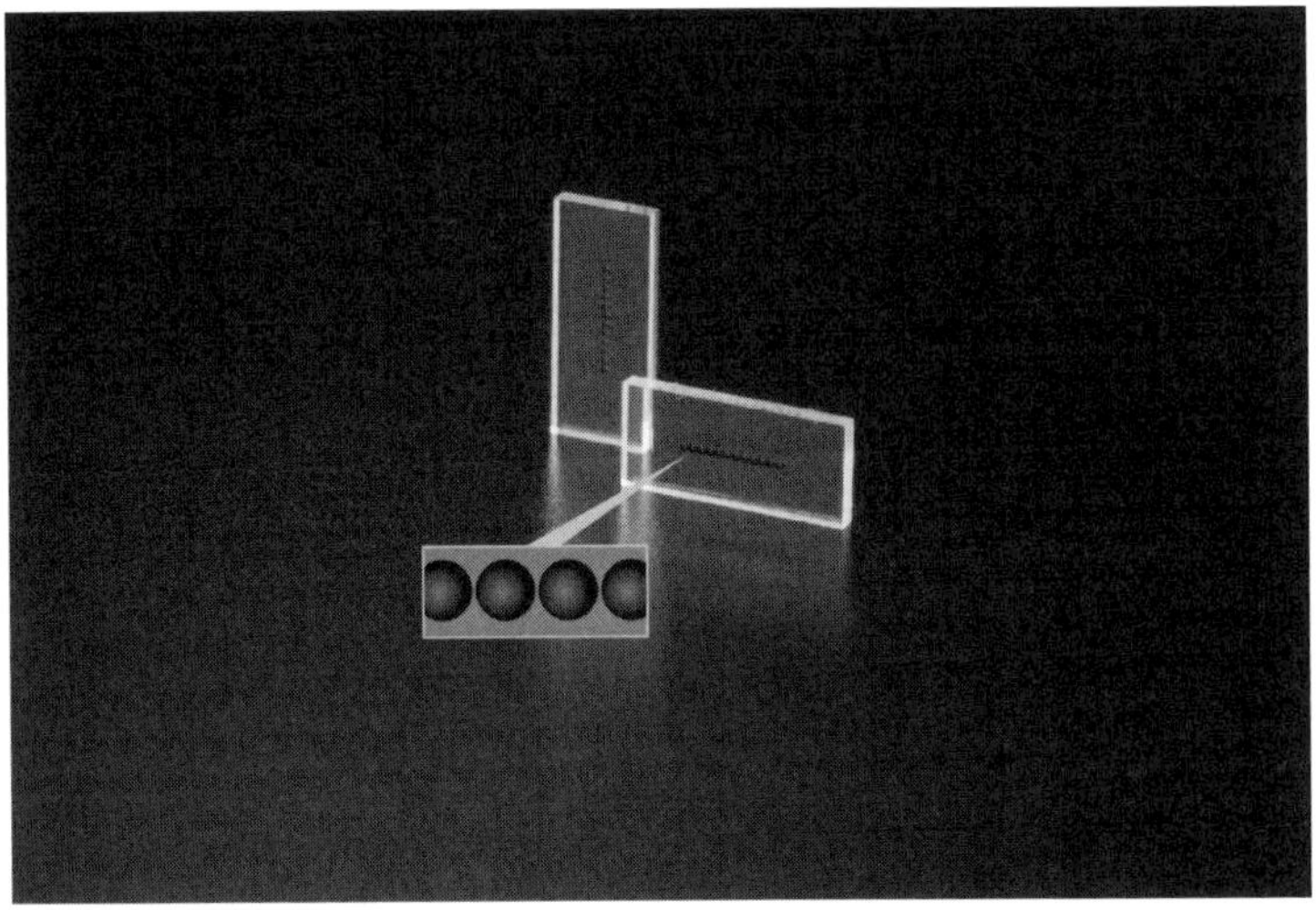

マイクロレンズアレイ

部門単体では、売上低迷期も順調だった光システム部門だが、このような積極的な取り組みから、売上回復を支える新たなヒット製品も生まれている。

光システムの中で大きな売上比率を占める「マイクロレンズアレイ（光変調器に使用する特殊光学素子）」は、単純な非球面レンズ単体ではない、文字通りの光システム部を代表する製品と言える。

また、マイクロレンズアレイ開発のきっかけは、顧客からの問い合わせだ。つまり〝住田イズム〟から生まれたわけで、その観点からも、近年の住田を代表する製品と言えるだろう。

〝住田イズム〟があれば、海路に日和あり

こうして振り返ると、たしかに光学ガラス・光ファイバー・光システムのいずれも、リーマン・ショックや売上減少を受けて特別な取り組みをしたわけではないことが分かる。

光学ガラス部門のPGの強化、光ファイバー部門の内視鏡の進化とイメージガイドの対応、光システム部門のユニットやモジュールといった単位の製品開発や、提案型の能動的なビジネスの展開——。

これらの課題や取り組みは、全てリーマン・ショック以前からのものであり、また売上低迷を受けて変更する必要はないものばかりだった。

その当時からファイバー部門で働く役職者は、低迷期の取り組みについての質問に、『良いものを造れば付加価値が発生する』という考え方でモノづくりを行ってきました。

特別に苦境を乗り切るための取り組みをした、ということはないかと思います。ただ、低迷期は時間的な余裕ができたので、イメージガイドの次の柱をつくるための、医療向けライトガイドや医療機器への参入といった取り組みを行ってきました」

と答えている。

実際、2009（平成21）年にファイバ径φ0・35㎜、1万画素の極細径イメージガイド（HDIG）を開発。2010（平成22）年に福島県の田島工場で「医療機器製造業許可」、2017（平成29）年には「高度医療機器等販売業・貸与業許可」を取得するなど、開発・製造の環境整備も進み、近年力を入れて取り組んでいる。

当時の売上低迷はそれまでの課題に、より純粋に、よりひたむきに取り組む機会となった側面すらあったのかもしれない。

住田イズムと、流れるDNA

また同役職者は、このような新しい取り組みに挑戦する姿勢は、売上の良し悪しに左右される特別なことではなく、「住田に根づく伝統的な考え方だと思います」とも述べている。

この考え方、ＤＮＡが住田光学ガラスを支え、低迷期からの回復に導いているのではないだろうか。

第１章で、バックオフィス業務に従事してきた現社長・住田利明が、兄の急逝を受けて社長就任を決意した背景に、開発・製造・販売は「現場に任せればいい」という信頼があったことを書いた。あるインタビューでは、「管理が必要ないなら、それが一番。だから、何も言わない」とも述べている。

その信頼と、管理が不要ならそれが一番、と考える背景には、住田のＤＮＡがあるように思う。

利明は先述のインタビューで、低迷期であっても、自由な発想を重視する体制を変えてしまうと、別の会社になってしまうので「冬眠」を呼びかけたと述べている。住田のＤＮＡが変わらずにあり続け、適切に機能していれば、自らの管理は不要になるし、いつか潮目は変わるという信頼もあったように感じられる。

「ナゼ太郎社員」たちが継承していく住田イズム

住田利明の、「社員を信頼し、任せる姿勢」は、営業部門にも大きな変革をもたらしている。

そのきっかけをつくったある役員は、２０１２年に会社の支援を受けて、日本工業大学大学院のＭＯＴコースに入学している。

このＭＯＴ入学は、その後の住田に多くの変化をもたらしているが、特に大きなものとして、社員が中期経営計画を策定する慣習が生まれたことが挙げられる。

同役員の営業中期経営計画の主導を皮切りに、その後も若手・中堅社員が中期経営計画をつくるプロジェクトが続いている。

同役員は、初めての営業中期経営計画を推進するには、営業部門の再編が必須と考えた。

彼は入社当初、先代の住田正利が切り拓いた海外の営業を担い、住田の海外向け製品を一手に取り扱っていた。一方、国内では光学ガラスと、光ファイバーそれぞれ独立した営業課が存在していた。

その後、同役員は国内の営業にも携わるようになり、光学ガラスの営業だけ、光ファイバーの営業だけ、と分けるべきではないと考えた。

新生営業部も複数の課には分けるが、部門ごとの営業をする意識は薄め、全ての課が全ての製品を取り扱う。そうすることで、各製造部門の連携が強化され、営業部が独立することで責任と権限も明確にされる。また、顧客の意見に触れる機会が最も多い営業が、時には現場をリードできるように、技術の知識を持つ営業の育成に力を入れる。

この提案が、利明と役員会に認められ、営業部門の組織が大きく変わることとなった。

2012年以降の売上回復には、低迷期以前から、そして低迷期以降も変わらず続いた各製造部門の現場での営為に加えて、この営業部門の組織再編も大きく影響していると考えられる。

その再編をリードしたのは現場だが、同役員の提案を受け入れた住田利明の決断がなければ、今日の営業部はない。

住田らしく働く現場の努力と、利明の現場への信頼。

このどちらか一方が欠けていても、現在の会社の状況はなかっただろう。

第3章

連綿と続く
住田光学ガラスのDNA。
そして、未来へ

住田のDNAと、進むべき未来

ここまで、現在に至る住田光学ガラスの歩みを振り返ってきた。最終章となるこの第3章では、「自由に、自在に、しなやかに」という理念に代表される住田のDNAと、弊社が進むべき未来について考えたい。

冒頭の対談で、弊社監査役の清水弘が、研究者目線でも住田光学ガラスは「面白い会社」であると述べている。

僭越ながら、弊社はこのような評価をいただくことが多い。直接そのような声を見聞きする機会もあるのだが、今回、本書制作のために社員に実施した取材でも、そのようなエピソードが多かった。取材した社員には、まず自己紹介がわりに入社のきっかけを話してもらっているのだが、住田を「面白い会社」と紹介されて入社した社員が多くいたのだ。「面白い」と評する紹介者の属性も、大学の恩師・テレビ関係者・出版関係者・同業他社に勤務する大学時代の先輩・住田で働く現役社員（がアルバイト時代の先輩だった）と多岐にわたっている。

このような「面白さ」は、住田らしさの表れという感覚はあるのだが、本書編纂を機に、その根拠を自分たちなりに定義しようと本書編纂チームの社員同士で議論したところ、これまでの弊社の歩みは、**〝住田のDNA〟**と言うべき伝統と文化がベースになっており、これからの歩みも、そのDNAが指し示すものなのではないか……というひとまずの結論に至った。私たちは専門的に経営を学んだ経験はないが、その議論の内容を、自分たちなりにまとめさせていただく。

放し飼いの仕事で成立する仕組み

まずは、弊社の「仕事の仕組み」について見ていきたい。なぜなら、それが住田の未来を決めるものだと考えるからだ。

本書の制作・取材から強く感じたのは、放し飼いの自由な会社と言いながらも、実は住田光学ガラスには明確な仕組みがあるということだ。表現を変えるなら、**「放し飼いの仕**

事で成立する仕組み」ができあがっている。

第2章でも触れたように、社長の住田利明は社員を「管理しない」ことを公言しており、実際に社員目線でも社長の命令を受けることはない。しかし、社内座談会取材に同行した清水は、「実は利明社長は管理に心を砕いている」とも述べていた。

この証言も、「放し飼いの仕事で成立する＝管理が不要な仕組み」の存在を示唆するものと言えるだろう。

ストレッチした目標を自然と持つ

私たちが考える住田の仕組みは、次図のようなものになる。

まず**①の「ストレッチした目標を自然と持つ」**から見ていく。

住田光学ガラスの社員は、ストレッチ目標＝背伸びして、知恵を絞って、どうにか初めて届くレベルの目標に取り組むことが多い。

その背景には、創業者・住田利八の口癖**「人と同じ道を行くな」**がある。

住田の仕組み

① ストレッチした目標を自然と持つ ・人と同じ道を行くな ・価値のあるガラスをつくる	**② 社長や経営陣が醸し出す雰囲気** ・真に自由な環境 ・失敗の許容 ・考えさせる物言い
③ 趣味のように楽しんで仕事をする ・内発的動機づけ ・仕事を楽しむ人を選ぶ ・やり切る姿勢が強い	**④ 新たな能力の獲得** ・余計な仕事をする ・会社が投資を惜しまない

後継者の住田進は、そんな利八すら反対した思い切った投資で、光学ガラス製造の道を切り拓いた。住田正利も、まだ何物でもなかった光ファイバー事業に興味を示し入社。その弟の現社長・住田利明も、目標は現状維持、社員は管理しないと公言するなど、利八らしい考え方は代々受け継がれている。

「人と同じ道」は、すでに事例がある仕事だ。そうではない仕事は、必然的にストレッチ目標になるということだ。

経営者だけでなく、社内にもストレッチ目標に取り組む姿勢は浸透し、習慣化していることは、第1章でも引用した以下の役員の証言に現れている。

「ナゼ太郎は養鶏所ではなく庭飼いの鶏。農家の庭飼いの鶏は、エサも勝手に食べるし自分のテリトリーも持っている。野生じゃないけど自由。キャラクターができる前からそうです。

私の仕事も、**『価値のあるガラスをつくる』**。ただそれだけで、初めてやることはどれくらいお金がかかるかも分かりませんが、そういうことを気にせずやらせてくれるし、止められることもない。いちいち予算を組んでやったこともないんです」

この発言は開発者目線だが、新しい発明に挑戦する開発者のビジョンを実現する製造現場や、そんな自由な社風や仕事を成立させるバックオフィスの社員たちもストレッチ目標に取り組み続ける形になる。

社長や経営陣が醸し出す雰囲気

そして、この働き方を実現するのが、**②「社長や経営陣が醸し出す雰囲気」**である。中でも、特に重要で、かつ住田のＤＮＡを感じさせるのが、**「真に自由な環境」**と**「失敗の許**

容」だ。

レベルの高いストレッチ目標に取り組み続ければ、いつか新しい発明は生まれるかもしれない。しかし、成功に到達する前の段階で、たとえば失敗するたびに叱責されたり、問題視されたりする環境では、目標に挑み続けるモチベーションはキープしにくくなる。

その点で、改めて考えてみると、住田光学ガラスは、難しい取り組みへの挑戦を阻害する要素の少ない、文字通り自由な会社だと感じる。

開発担当者は、社や上司から与えられる研究テーマもあるが、それ以外の取り組みについては完全に自由。報告や確認も必要とされていない。

他社の方などによく驚かれるのは、企画書が不要という点だ。予算の承認プロセスもシンプルで、承認印はいるが、稟議を通すために上司・役員を説得する必要も基本的にない。

その自由度について、本書編纂のために社内で実施した座談会で、ガラス製造部の役職者がこんなエピソードを述べている。

『課長会』という集まりがあり、自分が課長になって初めて参加したとき、それぞれが取り組む研究の発表がありました。それが、『ゴルフのパターでどの角度で打つとうまく転がるか』とか、『冷却水を使って発電ができるか』とか、『ガラスで釣りのルアーをつくれるか』とか様々で、本当に自由でいいんだな、と驚きましたね。上司のハンコはもらいますが、そこでダメ出しがあるわけでもなく。

後日、ルアーづくりの機械加工の請求書が来て、『あれ本当にやってるんだな』とまた驚きました」

ちなみに、第1章でも触れたように、製造の現場は完全に自由に働くことは難しいのだが、制約の中でも、より自由に、楽しく働けるよう、若手社員には仕事のやり方などに遠慮なく意見してほしい――という声も座談会では多く出ていた。福島の田島工場では、ジョブ・ローテーションの試行が始まるなど、直接部門でもよりナゼ太郎らしく働けるように、試行錯誤しながら様々な取り組みが始まっている。

現状にあぐらをかかずに、さらに自由に働ける環境を整備していくことは、今後の課題であり、目標とも言えるだろう。

失敗の許容についても、間違いなく失敗に寛容な会社と言える。

部長から係長クラスが参加した座談会では、むしろ、若手が自由さに戸惑いを覚えるのか、部下に対して「もっと失敗を恐れずチャレンジしてほしい」と望む声が多く上がった。ファイバー製造部の役職者は、若手時代の自身の経験も踏まえてこう述べている。

「(若手社員は)やはり失敗したくないという気持ちがあるのか、最終的に着手するにしても、最初に『これはお金がかかると思います』などと言うことが多いのですが、素材開発部のかつての上司はまったくそういうことを言わないんです。『失敗は考えなくていい、とにかくやれ』と。30年近く前の課長時代から『とにかくやれ』が口癖で、私もよく言われていました」

「許容」「寛容」というよりも、挑戦の結果起こる失敗なら、「してほしい」とすら考える者が多い。それは、試行錯誤を続ければ、いつか失敗を糧に新たな発明に到達できるので、失敗こそが成功への道筋だと体感しているからだろう。

また、トップの**「考えさせる物言い」**も住田の特長だと感じる。

第1章で、住田進の「10トンの光学ガラスを効率よくつくる技術よりも、1トンの異なる光学ガラスをつくれ」という発言を引用した。先述した元役員の「価値のあるガラスをつくる」という目標も、その延長線上にある。

このような、明確でなく、漠然とした表現は、現在の住田利明にも共通する。

一見、それだけを切り取ると悪いことのように思えるかもしれないが、そうすることで、社員は目指す目標を自分で考えたり、上司や同僚とコミュニケートする機会が増える。見方を変えれば、明確な指示は、管理や自由の制限に繋がるとも言えるのではないだろうか。

そうして、考えやコミュニケーションを深める習慣を持つことが、能力開発や新しい発明、社員のナゼ太郎化に繋がっているように思う。

とはいえ、社員に判断を委ね、その結果を都度否定されるようでは、現場の萎縮は避けられない。考える物言いをプラスにするには、「真に自由な環境」と「失敗の許容」という環境・文化と、発言者側がいい加減に漠然としたことを言うのではなく、「思考を促進させる」という目的が揃っている必要があるだろう。

次のメシの種となる技術を探し求める「探索」と、光学ガラスなど、元々の事業の技術を磨く「深化」の2つを同時に行っていることも、住田らしい働き方に大きく寄与している。

世の中では、このような二つの方向性の取り組みを同時にする企業経営を「両利き経営」と言われているが、住田は戦後すぐの時期から、両利き経営を続けている。好調な既存事業だけに集中せずに、その利益で光学ガラス開発に取り組み、成功を収めている。光学ガラスが成功すれば、その利益で様々な開発に取り組み、その中に今も弊社を支える光ファイバーがあったことは第1章で書いた通りだ。

そのため、探索と深化の並走は、住田では当たり前になっている。既存事業が絶不調に陥った売上低迷期でも、新規事業の探索は続けられていた。むしろ、苦境を脱するためにも、既存事業だけでなく、新規事業も含めた両輪を回し続けなければ——という認識を持つ社員が多かったように思う。

この両利き経営がないと、住田らしい働き方が難しくなると推測する。

たとえば、既存事業のみにフォーカスすると、新しい発明を目指すにせよ、そのストレッチ目標が既存事業の先に限定される。

社内取材では、これからの事業・新製品を模索する上で、価値のあるガラス・ガラス製品をつくるのは大前提として、ガラスと無関係の事業を念頭に置く社員も多くいた。ちなみに、「ガラスと無関係でもいい」という考えは、現場の暴走ではなくトップも認めるところだ。次の100年について問われた際に、住田利明は「みんなが趣味のように楽しく働き続けた結果そうなるのであれば、ガラスにこだわる必要はない」と述べている。

もちろん、新しい光学ガラスの開発も重要だが、それだけに集中してしまうと、アイデアの広がりも限られ、成功にたどり着く可能性も減ってしまうのではないだろうか。

近年、この両利き経営は注目を集めているようだ。一般的には、既存事業の深化を重視する企業が多いのだが、僭越ながら、たまたま創業者からのDNAで自然と両利き経営を続けている住田は、第1章で触れた「ホタロン」など、海外でも評価を受けるイノベーションを起こしている。

これまでの主力商品の強化に取り組むことは重要だが、市場のコモディティ化が進み、それだけでは戦えなくなっている中小企業が増えているのも事実である。「イノベーションのジレンマ」とは大企業によく使われる言葉だが、本来イノベーションを起こしやすいはずの中小企業も、実は既存事業の深化に最適化しすぎると、新規事業を立ち上げ、強化するための方法論を持たず、「将来の苦境は見えていても、新しいチャレンジも難しい」状態になってしまうという、別の形のジレンマがあるのかもしれない。

趣味のように楽しんで仕事をする

③「趣味のように楽しんで仕事をする」は、②とセットになる重要な項目だ。

本当に自由に働ける環境で、失敗を恐れずチャレンジしてほしい、と会社が思っていても、社員がみな「自由にやりたい」「チャレンジしたい」と思うとは限らない。②のような組織の中に、「仕事は生活費を稼ぐためにすることで、毎日同じ作業を上から与えられるほうがいい」と考える社員しかいないと「仏造って魂入れず」になってしまう。

このズレを防ぐには、住田光学ガラスでいえば、細かく管理・指示を受ける仕事よりも、放し飼いの〝ナゼ太郎〟的仕事を楽しみ、高いモチベーションで実践できる人材に働いてもらう必要がある。

そのためのポイントになるのが、住田利明が対談でも述べている「趣味のように働く」ことだ。

人間のモチベーションは、金銭や名誉にモチベートされる「外発的動機づけ」と、自己の内面から起こる興味や意欲にモチベートされる「内発的動機づけ」に分類されるが、住田のような中小企業において、より重要な課題となるのは**「内発的動機づけ」**となる。

その理由には、条件面で外資系大手らと競うのは限界があるという側面もあるが、心理学的には外発的動機づけよりも、内発的動機づけのほうが大きなものとされている。つまり、条件面で劣る中小でも、社員の内発的動機づけを喚起できれば、大手よりも社員が楽しく、満足して働ける会社になることも可能なのだ。

とはいえ、言うは易し行うは難し。レベルの高い仕事に成功すれば内発的なモチベーションは上がりやすくなると予想できるが、仕事の難易度が上がれば成功も難しくなり、うまくいかない時期のモチベーションの維持が難しくなる。

僭越ながら、ストレッチ目標に自然と取り組むことになる私たちの仕事も、成功すればやりがいを感じやすいものだとは思う。しかしながら、一方で短期的な成果がまったくないケースも当たり前のようにある。弊社では、開発に着手して20年以上経ってから初めてヒットした製品も珍しくない。

この後、その開発事例を取り上げる光学ガラス部門の素材開発部の者は、放し飼いの環境について、このように述べている。

「誰も『止めろ』と言ってくれないので、やり続けないといけません。明確な目標があって、そこに最短距離で向かう、という仕事とはちょっと違いますよね。新しいことなので、当たり前だけど出口があるかどうか分からない。勉強もしなければいけないし、出口がなかなか見えないときは苦しく感じることもあります」

レベルの高い仕事はそれだけ成功しにくく、内発的動機づけを刺激されるどころか、うまくいかず、むしろモチベーションが下がってしまうかもしれない——。

このジレンマを解消するのが、「趣味のように働く」ことだ。釣り人が釣り糸をただ垂らす時間に幸福を感じるように、日々の仕事が趣味になれば、ゴールにたどり着く道中も、その仕事自体を楽しめる。担当者も苦しさを吐露するように、あまりに釣果がないとストレスを感じることはあるだろうが、まったく苦しくないとは言わずとも、その困難に前向きに取り組むことはできるはずだ。

「仕事を楽しむ人を選ぶ」というのは、住田らしい働き方や、ストレッチ目標を趣味のように楽しめそうな人材を、採用の時点で見極めるということだ。

簡単にまとめると、「能力よりも人間性を見極める採用活動」となる。

多数の役員や社員が参加した座談会取材で、多くの参加者が「面接が単なる雑談だった」と述べていた。住田正利や利明、担当役員らと世間話を長くした者が少なからず存在する。

編纂チームで話し合うまでは「住田らしいゆるいエピソード」としか思っていなかったが、実はこれも採用段階からの人材マネジメントであり、「趣味のように働ける人材」に出会うプロセスとしての「必要な雑談」であったと今は考えている。

現場で活躍できる能力は必須だが、ある程度の求めるラインをクリアできれば、住田光学ガラスにとってより重要なのは、能力の高低よりも、「趣味のように楽しく働けそうか？」「放し飼いの自由をポジティブに享受できそうか？」といった人間性であり、そのために面接で雑談がよく行われるのではないだろうか。

第1章で、売上低迷期における研究開発についての「もはや趣味になっていたから、そこまで会社の未来を背負わされる意識もなくやっていました」という元役員の発言を取り上げたが、少なくともこの役員は、ストレッチ目標を楽しみ、前向きに働いていることが分かる。

また、清水は、住田の社員は**「やり切る姿勢が強い」**と評している。この証言も、要求の高い仕事に、前向きに取り組む社員が多いことを示唆しているだろう。

新たな能力の獲得

最後の④**「新たな能力の獲得」**は、継続的にイノベーションを生むために必要な、能力の底上げを行う仕組みを指す。手前味噌ながら、社員目線で見ると、住田で働くことは成長に繋がりやすいように思う。

「余計な仕事をする」は、言葉は悪いのだが、自由度の高い住田でストレッチ目標に取り組むと、上司から与えられる仕事だけをするよりも、多くの取り組みをすることになりがちだ。結果的に、業務時間内の15％を好きな研究開発に使ってよい、とする3M社の

「15%カルチャー」や、グーグル社の「20%ルール」のような、イノベーションを起こし続ける企業のような働き方になっている社員も多いように思う。

そうやって様々なストレッチ目標に取り組むことが、社員の成長に繋がると清水は指摘していた。当然ながら、たとえば「20%ルール」は、他の仕事を80%にすることであって、仕事量を120%にすることではなく、弊社もその点は同様だ。

とはいえ、与えられた仕事を100%こなすよりも、その中に自由なテーマへの取り組みが含まれているほうが、「自分で考え、動く」割合は多くなる。自身でテーマを決めて、自身で実現可能性を探ることになるので、先述の素材開発部の者の発言にもあるように、勉強が必要になる場合も多い。

また、自由な社風は、研究開発の現場だけに当てはまるものではない。住田光学ガラスに転職入社した営業部の役職者は、自らの仕事について、

「今の仕事としては海外企業からの問い合わせ対応、既存の海外顧客からの問い合わせや引合い、クレーム対応、また受注したら社内調整・請求、金額の回収、出荷処理といったところなのですが、上司から具体的なアドバイスをもらうことはないですね。上司のやり

方を見つつ、前職の経験から自分なりにやらせてもらっています」

と述べている。

一見、放任にも思えるこのやり方は、社員を成長させるストレッチした仕事になる上に、会社の〝武器〟を増やす効果も期待できる――と清水は分析する。

「どこまで意識的にしているのかは分かりませんが、上司は〝自分なりの成功パターン〟を一つしか持っていない場合もあります。だから、部下がその方法論を教えられる代わりに、それぞれで学んで個々人のやり方を確立できれば、組織全体の武器が増える結果に繋がるかもしれません」

余計な仕事に前向きに臨めるナゼ太郎でなければ、それが負担になってしまう可能性もあることは否定できない。

ただ、座談会でも、新卒入社ではない社員から「他社ではできない経験が多い」「やりがいのある仕事は見つけやすいと思う」といった発言があったことは事実だ。私たちが今取り組んでいる創業100年を記念する書籍の編纂も、出版社以外の社員はなかなか経験できないストレッチした仕事と言える。

「余計な仕事をする」ことで伸びるのは人の能力だが、特に弊社のようなメーカーでは、優秀な人材が働くだけではビジネスが成立しない。

そこで**「会社が投資を惜しまない」**姿勢が重要になる。企業にとってはハードウェアのアップデートも能力獲得の方法だ。

既存事業を支えるハードウェアのメンテナンスや刷新など、基本的な設備投資を怠らないことは大前提として、弊社の場合、新しいストレッチ目標に社員が取り組む際に、新たな機器を必要とする機会が多い。

新しいハードウェアが必要になること自体は、どんな企業でもあるに違いない。ただ、先述した役員発言に「いちいち予算を組んでやったこともない」とあるように、基本的には事前の予算確保などが要らず、必要なときに即座に購入できるのは住田の特長だ。

ある役員は、第2章で触れたマイクロレンズアレイの開発について、このように述べている。

『スーパーヴィドロン K－PG325』という、低い温度で成形できるガラスができたとき、これがあれば耐熱性の低い、加工しやすい金型材料でガラスを扱えるので、つくれるのでは……と思いました。ちょうど、別の業務のために導入した超精密加工機が工場にあり、この加工機ならマイクロレンズアレイの金型をつくれるだろう。そして、基本的に精密な金型であればあるほど高温に弱くなるのですが、K-PG325なら大丈夫だろうと。

普通の会社だと、『できそうだな』と思ったら前期までに準備して、予算を確保して……となると思いますが、ウチは期の途中でも大丈夫。このときは企画書もつくっていません。金型の材料も二つ返事で購入できました。設備投資でNGをもらったこともありません」

さらに、光システム部門の元役員は、第2章で触れた、光学素子「楕円ミラー」が売れなくなり、同部署が新たな戦略を採り始めたきっかけについて、「起点になった、自身や社長、上司の発言はない」と断った上で、失敗を恐れない文化の証言も含む、以下のエピソードを話してくれた。

「ただ、前社長や当時の常務とは『こんな製品ができると面白い』とか、『こんな設備があると、このような事業展開ができる』とか、雑談レベルでの話は常によくしていました。

その頃の雑談の一つですが、当時、非球面レンズは製造できても、レンズを測定して製品の性能を保証することができず、ビジネス化には設備投資が必要でした。その話になったとき、正利社長は一言『買え』と。測定器は約1億円で購入自体が大きなプレッシャーでしたが、不確実性が大きな事業に、リスクを取って挑戦するスタイルは、そのトップダウン的な姿勢の下で育まれたと思います」

DNAから醸成されたオンリーワンの仕組み

こうして見てみると、住田光学ガラスは、売上の増減はあれど、結果的にはイノベーションが定期的に起こり、モチベーション高く働く社員の多い会社になっているとは思うのだが、やはり珍しい会社であるように感じられる。

イノベーションを起こし続け、社員がモチベーション高く働く企業と言えば、それこそ先述の3M社やグーグル社が代表例だと思うのだが、その業績や事業規模を抜きにしても、それらの一流企業の成功を生み出し続ける仕組みは、基本的には経営理論を学んだ優秀な社員や、外部のコンサルティング会社などが計画・策定しているのではないだろうか。

しかし、弊社の①〜④は（「成功を生む仕組み」と言い切れるものであるかはともかく）、住田利八の「人と同じ道を行くな」を出発点とする社風から形成されている。文字通り、住田のＤＮＡと、歴史によってつくられ、いつの間にか定着していったものだ。

先述したように、折々で住田利明などが、意識的に手を入れ、仕組みを整えてきた側面もあるのかもしれないが、長い時間をかけて改築を重ねられた家屋のような、良く言えばオンリーワンの、偶然性を多分に含んだ、自家製の住田でしか通用しない仕組みなのではないだろうか。

これが、良くも悪くも、清水が言うところの住田光学ガラスの〝面白さ〟であるように思う。

イノベーションにはある程度偶発的な部分もあるだろうし、弊社が売上低迷期を脱することができたのも、実は運が良かったのかもしれない。

ただ、住田の〝面白さ〟の源流には、住田利八から続くＤＮＡがあり、それが今日まで続いていることは紛れもない事実だ。

そして、それが放し飼いの「ナゼ太郎」を育む文化となり、現在の社員にも大きな影響を与えている。

次なるイノベーションを生み出す者たち

前項で、住田利八の時代から培われてきた〝住田のＤＮＡ〟が、結果的に今日の住田光学ガラスの特殊な体制をつくり上げている、という仮説を記した。

続く本項では、そんな住田光学ガラスで働く社員たちが、今現在、新しいイノベーションを起こすために、どのように働いているのか――という具体的な事例を紹介する。最新の事例については詳らかにできない部分も多いため、開発・リリース自体は少し前の事例もあるが、弊社で働く社員たちの仕事ぶりや考え方を知る材料としては問題ないものと考える。

機能性材料の取り組み

まずは、素材開発部の者が開発に携わった電池材料「SELAPath（セラパス）」の開発を中心に、その仕事について見ていく。

化学式の略称から「ＬＡＴＰ」と呼ばれる酸化物結晶は、リチウムイオンを伝導させられる固体材料として古くから知られていた。

住田では、「リチウムイオン二次電池（放電後も充電し、繰り返し使える電池）の固体電解質として使えるのではないか」というテーマを持ち、１９９０年代からガラスを元にＬＡＴＰをつくる研究を細々と続けてきた。

２００９（平成21）年に入社した担当者は、このＬＡＴＰ開発のテーマを上司から引き継ぎ、組成開発に成功したことから、本格的にこのテーマに取り組むこととなる。当時は、電解質に可燃性の液体を用いるリチウムイオン電池の安全性が問題になっており、不燃性のセラミックスを電解質に採用する全固体電池が注目されていた時期でもあった。

その後の開発の取り組みについて、こう振り返っている。

「材料組成については、既存の材料の組成を変える程度でしたので、開発は難しくはなかったです。大変だったのは量産化プロセスでした。小スケールの実験室レベルでは問題がないものも、大規模なスケールになると影響が大きくなり、問題になる点が出てきます。お客様に安定供給するための量産工程を確立するところがもっとも難しかったですし、今も安定した品質でお客様に提供できるように注意を払っています」

SELAPathに関しては、その担当者の仕事の多くは、素材そのものの研究開発よりも、製造プロセスの開発だった。

SELAPathはガラスからＬＡＴＰを合成する住田独自の製法でつくられている。そのガラスは特殊なもので、光学ガラスと製造工程が少し異なり、大量生産するには、製造用の炉や環境を新しく整備する必要があった。

そのため、高品質なＬＡＴＰ用ガラスをつくるための熔解条件を試行し、工場の技術者と協力し、製造工程を検証しながら課題を一つひとつクリアしていった。

SELAPathは量産性と価格優位性に強みを持っている。

材料として目新しいものではなく、イオン伝導度については特別高性能というわけではないが、イオン伝導度が高い固体電解質の材料は、大気中で取り扱いできないものなど、

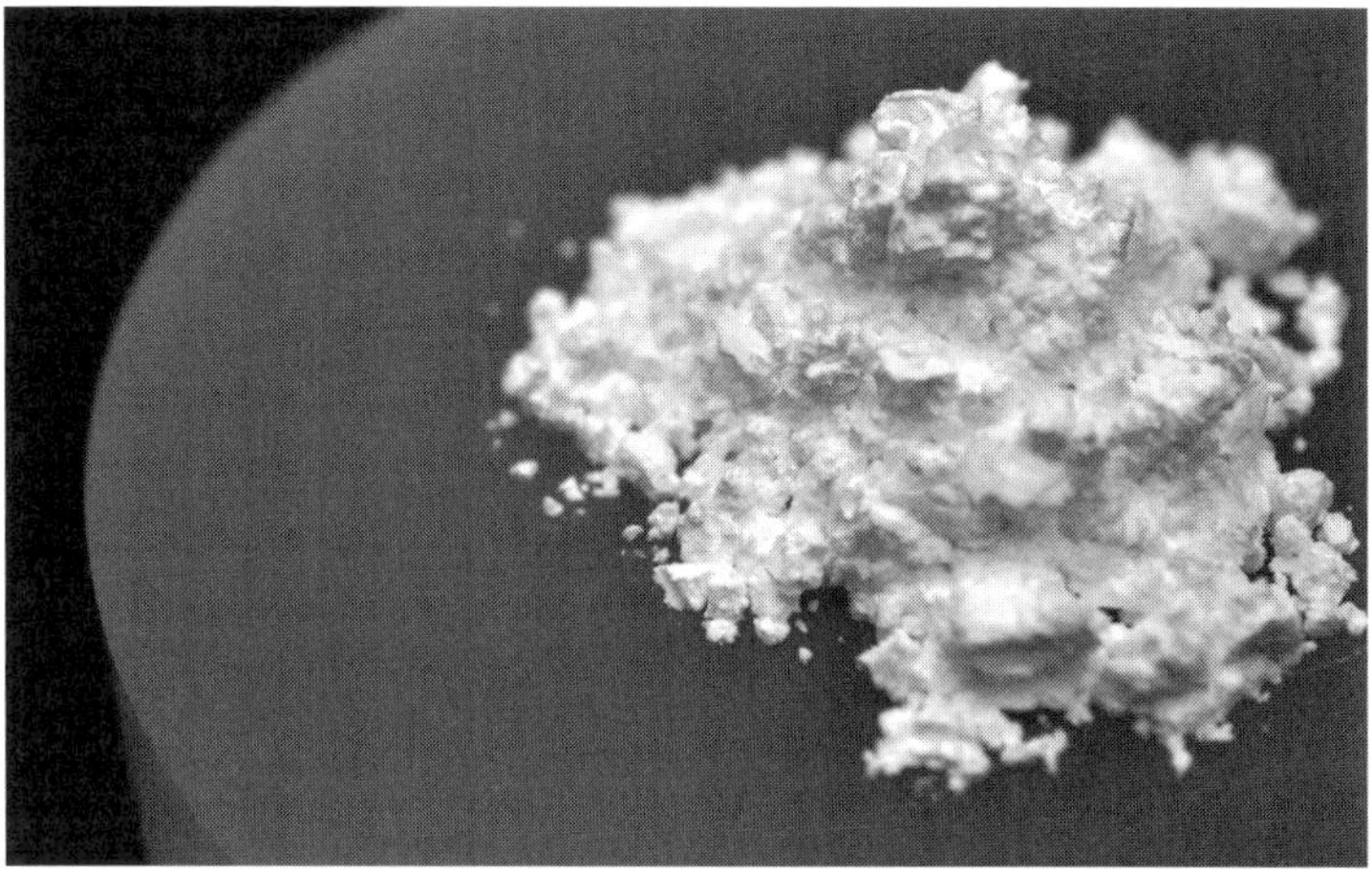
SELAPath

高度な生産設備を要するものも多く、酸化物であり、大気中で扱えるLATPは使いやすい素材である。
その使いやすさ、安全性は量産しやすさと価格にダイレクトに影響する。品質面でも、形状が揃っており、住田の独自製法により粉砕によるコンタミネーションがないという特長を持つ。このような特長と量産性の高さから、今では全固体電池に限らず、その他の電池の材料としての用途も広がっている。
このSELAPathで、もう一つ特徴的な点を挙げるなら、その開発のきっかけが自由を尊ぶ社風と、顧客の要望に応えるところから新しい発明に繋がる〝住田イズム〟の合わせ技であることだろう。

すでに書いたように、２０２１（令和３）年にリリースされたSELAPathの元となるＬＡＴＰの研究は、１９９０年代から続いていた。大きな成果を出さずとも、一つのテーマを20年近く研究し続けることができるのは、住田光学ガラスの社風あってのものと言える。

しかし、高価なオーダーメイド製品ではなく、大量生産することでコストダウンに大きな効果を発揮するSELAPathは、研究施設で実現するだけでは意味がない。大量生産を実現することで、初めて製品としての強みを発揮できる。

そして、量産化の実現を後押ししたのは顧客からの問い合わせだった。

弊社はSELAPathの開発より前に、抗菌作用を持つ銀イオンとＬＡＴＰとで、強固なイオン結合を形成させた抗菌剤「ＬＡＴＰ－Ａｇ」を発売していた。このＬＡＴＰ－Ａｇから派生する形で、電池材料として使えるのでは？　という問い合わせを複数社からいただいており、量産化を実現できた場合の潜在ニーズを事前に掴めていた。これがSELAPath製造プロセス開発の大きな後押しとなっていたのだ。

PGのイノベーション

第2章で触れた、熔融されたガラスから直接プリフォームを製造する「PG」の用途が、技術の進歩によってさらに広がると目されている。

すでに述べたように、PGは効率的に生産でき、無駄なガラス屑もなくなり、環境負荷も低減できる。また、そもそも研磨プリフォームは加工工程が多いので、大量生産には向いていない。そのため、安く大量につくれる上に、環境にも良いPGが使える領域をできる限り広げることが、光学ガラス部門の大きな目標の一つとなっていたことは第2章で述べた通りだ。

そんなPGのイノベーションに挑戦しているのが、2001（平成13）年に入社した者だ。

入社時からPGの製造現場で働き、次第に現在の光学ガラス製造部長と共に、不具合対応、試作試験対応、開発案件対応に従事するようになり、現在は光学ガラス製造部PG課長を務めている。

PG

繰り返しになるが、その当時のPGは研磨プリフォームの代替品として使われてきた。キャリアの初期は、製造にせよ、開発にせよ、ボール形状や両凸の饅頭のような形状のPGに取り組んでいた。

特にボール形状のPGは、今日までに3億個以上販売され、住田光学ガラスの低迷期脱出に大きく貢献してきた。

しかし、これからは研磨プリフォームの代替品ではなく、ファーストチョイスとしてのPGが求められる時代になると予想されている。

その背景には、モールドレンズ成形技術の進歩がある。

近年、これまでは研磨でしかつくれなかった光学部品や、複数のプリズム・ミラー・レンズ等の光学素子をアセンブリ（組み立て）してつくっていた光学部品を、モールド工法で製造することが可能になりつつある。

ただ、たとえば後者のような光学部品をアセンブリなしでモールド成形するには、レンズが複数の面を有するなど、非常に複雑な形状のプリフォームが必要になる。

今、その担当者やPG課、技術開発課が取り組んでいるのは、このような最先端のモールド工法で求められるレベルの、とてつもなく複雑なプリフォームをPGで達成しようとするイノベーションだ。

このレベルのプリフォームになると、技術的に可能であっても、研磨プリフォームで対応する場合、一般的な非球面レンズの研磨プリフォームとは比較にならない高コストになってしまう。

その課題を解決するために、担当者は複雑な形状のゴブの実用化・製品化に取り組んでいる。さらに、これだけでも大きな目標だが、すでにその先を見据えている。

「光学設計上は成立していても、モールド成形するにはあまりにも形状が複雑で、研磨プリフォームすらつくれない光学素子もあります。それだけ複雑な形のPGを製造できれば、凄い機能を持った光学部品が実現できるかもしれません」

内視鏡関連の取り組み

また、「新しい領域のドライバー」として、光学ガラスを活用した「治療」用デバイスにも取り組んでいる。

現状、住田光学ガラスが手掛ける主な医療機器は、第2章でも触れた内視鏡である。イメージガイド、ライトガイド、小径レンズなど、当社が得意とする製品を融合させた内視鏡の特長は極細である点で、患者の負担を軽減する低侵襲治療に貢献しているが、現時点では観察し診断する用途に限られている。

研究のきっかけは、ある医療機器メーカーからの「レーザーファイバーがつくれないか」という問い合わせだった。

医療分野の特徴として、レーザーメスや光を当てるレーザー治療、がん治療で大いに注目される光線力学的療法など、光が「見る」だけでなく、治療そのものに用いられる点が挙げられる。

「たとえば、ファイバーでレーザー光を導光して、先端のレンズで広角に広げることで、治療に活用できるレーザープローブが構成できます。レーザープローブの用途は色々ありますが、最近ではがん治療に使えるデバイスもあります」

このメーカーとの開発は、ファイバーの端面が焦げてしまったり、レンズが吹き飛んでしまったりと、なかなか順調に進まずストップしてしまったのだが、今後の住田が目指すべきテーマと捉えられ、その後も社内で継続し、研究開発を少しずつ進めている。

現状で課題となっているのは、レーザーに対するファイバーの耐久性や、照射光の均一性だ。

レーザー光は、対象を照らし、見る用途の光とは比較にならない高出力なので、ファイバー自体が壊れてしまう恐れがある。また、照射される光が非均一だと、治療用デバイスとしては使いにくい。

技術面以外だけでなく、薬事の観点からもレーザー関連の医療機器はハードルが高くなる。クリアすべき課題は多いが、担当者は「内視鏡の技術と組み合わせることで、これまでにない新しいデバイスをつくりたい」と意気込みを語る。

同担当者は、日頃から基本的には顧客からの要求を受けて開発する製品に取り組み、試作を繰り返す中で直面する、さまざまな課題の解決方法を開発テーマにすることが多いという。

治療用デバイスも、まだゴールに向かう道半ばの開発テーマだが、モチベーションを高く保ちつつ取り組んでいる。

「設計開発をしていて、お客様と直接お話する機会が多々あります。良くできた試作品なら、喜んでいただけるのでモチベーションも上がりますし、そうやって喜んでいただけるのが、自分にとってもとても大きな喜びです。

ただ、そうやって上手くいかないときや、改良が必要な製品の相談を受けたときなども、

『なんとかしないと!』というモチベーションに繋がっています。今は、この領域で、光学ガラスメーカーとして、住田らしい製品を医療機器業界に出したいという気持ちが強いです」

彼・彼女たちの取り組みは、まさに第2章でも触れた、イメージガイドの需要がなくなった後の道筋をつくる仕事と言える。

LED防爆ヘッドライト「Teluna（テルーナ）」開発秘話

最後に、住田光学ガラス全体で見ても非常に珍しい製品と言える、旧新商品開発部門のLED防爆ヘッドライト「Teluna（テルーナ）」の事例を紹介する。

Telunaを開発したのは、今は営業部で課長を務める者だ。転職組の彼は、大学時代には半導体を研究し、前職ではLEDの電光表示機をつくっていた。住田に入社後は、光源装置の開発や不具合対応に従事していた。

開発のきっかけは、横浜市消防局で研究開発に携わる方から、防爆性能を有するヘッドライトの必要性について、話を伺う機会があったことだった。

2011（平成23）年、神奈川県の磯子火力発電所で爆発を伴う火災が発生し、その翌年にも新潟県南魚沼市の八箇峠トンネル工事現場で、4名が亡くなるガス爆発事故が起きている。そのような危険な環境下で安全に作業するには、高い防爆性能で、その上軽く、明るさも申し分ないヘッドライトが求められていた。しかし、製品化が難しい領域でありながら、ニッチな領域であったため、大手企業の進出が期待できないという。

当時、住田はガラスでLEDを封止（保護）する製品を開発していたことから、新たなLEDの用途開拓として、新しいヘッドライトへの挑戦を決めた。

防爆性能を持つヘッドライト開発の難しい点は、防爆性能と軽さが相反する点だ。

爆発は、危険なガスと酸素、着火源となるエネルギーが揃った場合に起こる。そのため、危険なガス環境で用いる電気機器は、ガラスや金属で気密性を高めてエネルギー源をガス環境から隔離する必要がある。

この防爆構造は基本的にはどうしても重くなってしまうため、ヘルメットにゴムで固定する、電池駆動の一般的なヘッドライトのような軽さは実現できないと考えられていた。

担当者が、日本における防爆機器の認証を行なう検定機関に軽量防爆ヘッドライトの相談をした際には、「明るさを出すには大きなエネルギーを投入する必要があり、それには重厚な金属の筐体で防爆構造をつくるしかない。実現できないだろう」と言われたという。

頭部につける機器が重くなると、作業が難しくなるだけでなく、作業者が負傷する可能性すらあるため、金属の防爆構造は考えられない。しかし、製品化は諦めたくない。担当者は電気回路の構成で防爆を実現する方法を発見し、軽量の樹脂筐体構造で、使用に足る明るさになるよう研究を進め、Telunaの実用化・製品化にこぎつけた。

結論から述べてしまうと、Teluna自体は大ヒットには至らなかった。

Telunaの問題点は、光量にあった。横浜市消防局では歓迎され、2014（平成26）年度の消防防災科学技術賞で優秀賞を受賞していたが、その反響は全国にまでは広がらなかった。

横浜市消防局は全国でも指折りの規模・装備を誇り、現場に出る際には、建物外部に大きな非常に強力な照明を立て、ヘッドライトはあくまでも補助となる。しかし、全国ではヘッドライトのみで出場しなければいけない現場が数多くあったのだ。

ただし、その開発から、非常に大きな経験を得たという。

住田の歴史の中でも、Telunaが珍しいのは、スタンドアローンの自社製品という点だ。光学ガラスや光ファイバー、それらを組み合わせた光源装置などは、カメラや内視鏡などの製品のいち部品である。

「（横浜市消防局という、他者からのきっかけを起点としながら）依頼者から開発費用の支援を受けずに開発し、自社製品として取り組んだケースは珍しいと思います。『どのように展開すれば販売できるか』といったことを、それまでは考えたこともなかったのですが、日本国内の消防署を調べたり、消防用品の販売業者を調べたり、新しい経験がたくさんありました。

また、現場では、言葉は悪くなりますが、雑に扱われることになる製品ですが、不具合の報告はほとんどありませんでした。その点は、設計と製造について、自分でも自信にな

Teluna

りました」

そして、失敗を失敗で終わらせない住田のDNAに、Telunaの経験も刻まれている。この経験が、技術面でも営業面でも、その後の仕事に大いに役立っていると担当者は話す。

「『防爆回路／構造』はたしかに非常にニッチな領域でのみ必要とされますが、根幹にあるものは『絶縁』技術だと捉えています。これは技術面の財産として、医療機器の設計に役立っています。電気を使用する医療機器では、医師と患者さんが感電しないように守らなければいけない。万が一もないように、防爆同様に二重三重の保護が求められます。ファイバースコープから電子スコープに置き換わりが進む現在、この経験が活用できる範囲が広がっていると感じます。

営業面では、Teluna以前の私は、いち開発者として、『良いものをつくればいい』という先行開発型の考えを持っていたのですが、よりお客様に近い位置となるデバイス製品を使っていただくマーケットイン型の開発の重要性を痛感しました。いち顧客＝マーケットではなく、多くの人の求めるニーズはどこにあるのか――を開発初期にもっと考えていれば、光量の問題などにも気がつき、仕様の組み立て方から変わっていたと思っています。今私は営業をしていますが、住田の営業は現場とも積極的に交流するので、この部分は自社の開発メンバーに伝えていきたいところです」

今後、医療機器はもちろん、ＬＥＤなどの光源でイノベーションが起きれば、全国の消防の現場で採用される防爆ヘッドライトが生まれる可能性もある。

失敗を恐れずチャレンジすることの重要性を教えてくれる事例と言えるだろう。

現在進行形で進む新たな取り組み

最後に、これからも住田光学ガラスが、「自由に、自在に、しなやかに」あり続けるために、現在進行形で進む新たな取り組みや、これからの課題について見ていきたい。

働きながら学ぶ。進学する社員の増加

最初に紹介するのは、進学する社員の増加だ。

第2章で触れた、ある役員の日本工業大学大学院のMOTコース入学を機に、その後、会社の支援を受けて同MOTコースに進学する社員が増えている。戦後、住田進時代に、社員を研究機関や大学に派遣していた文化が、同役員の大学院入学を機に蘇った格好だ。

また、これまでは同じMOTコースに進み、技術経営を学ぶ社員が続いていたが、先述の素材開発部の者は、大学の博士課程に進学している。

同役員は、元々、自分の後に続く事例が出るなら「ＭＯＴやＭＢＡに限らず、光学の研究や製造に役立つ勉強も、就職後にできるようになるといい」と考えていたという。今後は、理系の知識や、バックオフィス関連の会計・法律等の知識を学ぶ、新しい方向性の進学も増えていく可能性がありそうだ。

加えて、近年は社内で勉強会のような学びの機会が増えている。勉強会には、外部講師を招いて開催するセミナー的なものと、社内の人間が講師をするものがある。

また社内講師の勉強会にも、研究部門や製造部門の者が、自分たちの研究・製造のために開催するものもあれば、営業部主催の勉強会もある。後者は、製品についての知識を深めるために、現場の担当者にレクチャーを受ける目的のものだが、光システム部の役職者は、営業部主催の勉強会には、現場の社員にも学びがあると語る。

「『こんな製品にできれば使ってもらいやすくなる』とか、『売るためのつくり方』を学べる、私たちのための勉強会にもなっていると思っています。営業の方と関係性を深める機会にもなるので、設計の途中途中で、売る側の目線でフィードバックをもらうことも増えていますね」

中期経営計画づくりを通しての人材育成

第2章で少し触れた、MOT入学から生まれた、社員による中期経営計画を策定する取り組みも、住田のDNAに大きな影響を与えるものになる。

一般的に、中小企業の中期経営計画は経営者や役員によるものではないだろうか。また社員が策定するにせよ、経営企画部門の者が、ベテランを中心に取り組むことが多いように思う。

一方、弊社の中期経営計画策定チームは、第2章でも述べたように、若手・中堅社員のみで構成されている。「構成としては若手が多いが、経営者・役員も参加し、実際の議論や結論は後者がリードする」といったこともない。

清水は、この中期経営計画策定が、社員のストレッチ目標になると同時に、当事者性を芽生えさせる機会にもなっていると語る。

「住田には仕組みもありますが、それを超えてナゼ太郎の個人がやっている。あるいは、個人が動く仕組みがある。近年、よく社員に対して『経営者目線で』『経営者のように働いてほしい』と言われることがありますが、これはなかなか難しいことですよね。しかし、この会社には『個人当事者』とでも言える社員がとにかく多い。

自由なナゼ太郎文化も当事者性を育むものだと思いますが、中計（中期経営計画）を考えることは、文字通り経営者目線で会社の未来を考えることになる。それが、さらに個人当事者を生んでいるのではないでしょうか。これまで、約４００名いる社員の中で、全体の2割の人が中計に関わっている。経営のやり方として、相当珍しいものだと思います」

この「珍しさ」については補足もしなければいけない。

先述の役員がMOT入学1年目に作成した特定課題研究「光学ガラス事業におけるアジア・日本顧客への新規事業計画」は、大学の研究発表として、フレームワーク等を用い、中期経営計画らしい形でまとめたものだが、それ以降の社内での中期経営計画は、具体的な経営計画というよりは、住田利明曰く「ビジョンやミッションを考えるようなもの」となっている。

これは、住田が非上場企業であるからできることで、上場企業のようにステークホルダー向けに中期経営計画を発表するなら、明確に「中期経営計画」と言える内容・フォーマットでなければいけないだろう。その場合は、経験や知識のある役員や管理職、コンサルタント等の参画なくしては成立しないに違いない。

とはいえ、カッチリとした中期経営計画ではないから意味がない、という話でもない。これから住田の中枢を担っていくことになるだろう社員たちが、これからの会社の目指すべき方向性などを本気で考え、議論した内容は、文字通り住田光学ガラスの行く先を左右するものになるだろうし、策定チームに参加した社員の、今後の働き方にも影響が出るに違いない。

ジョブ・ローテーションの取り組み

続いては、これから本格的に始まる取り組みや、課題について見ていきたい。

まずは、先ほども少し触れたジョブ・ローテーションを取り上げる。

先述したように、すでに始まっている取り組みだが、現時点ではその範囲が限られている。2023年夏の時点では、田島工場で試験的に導入された事例しかないが、今後、全社に広げていくことを検討中だ。

田島工場のジョブ・ローテーションは、業務本部の役職者の特定課題研究の中に盛り込まれ、役員などにプレゼンテーションをした上で賛同を受け、実施されたものだ。

営業部が、光学ガラスや光ファイバー等の各製品ごとに分かれて存在する形ではなくなったように、今後の住田光学ガラスの課題は、各部署の連携にあると考える役員・社員は多い。同役職者も、「製造現場で横断的に働く上で、その能力を持つ社員を育てる人材育成の一貫として、ジョブローテを企画・実施しました」と語っている。

また、ジョブ・ローテーションは、新しい仕事をする経験によって、能力を伸ばす機会となるだけでなく、「社員がより能力を発揮できる場所」を探る取り組みでもある。同役職者は「今の環境だと成長しにくいとか、自分の立ち位置が分からない、という社員もいると思います。そういう人に新しい機会や成長材料を提供していきたい」とも話す。

社内座談会でこの話題になった際には、田島工場だけでなく、研究部門や、浦和と田島など、より広範囲でのジョブ・ローテーションも検討していきたい――という声が多く上がっている。

弊社は、取材時の編集者の方の話などを伺う限り、他社に比べて、同じ部署で長く働く社員が多いようだ。

そのことによってプロフェッショナルが育ちやすいメリットもあるとは思うのだが、新しい発明に繋がるようなアイデアは、ジョブ・ローテーションで得られるような幅広い経験や知識などがあることで、より生まれやすくなるのではないだろうか。

また、先の業務本部の役職者の大学院での全体の研究テーマは、「10年後を支える人材マネジメントのあり方」だ。その中に、ジョブ・ローテーションも含めた横断型人材の育成、自己啓発や教育体制の構築といった取り組みが含まれているという。

新しい住田をつくる取り組みとして、また、今の場所よりも活躍できる部署がある社員がより活躍し、満足できる取り組みとしても、今後の業務本部の取り組みに期待したい。

さらなる連携を生み出す取り組み

そして、これからの課題となるキーワードが、先ほども触れた**「連携」**だ。中期経営計画策定チームの話し合いでも頻出するワードだという。

ここまでに触れた、営業部の再編や、ジョブ・ローテーションなども、部署の壁を超えた連携を促進するための取り組みと言える。

社内座談会を実施する前にインタビューした役員たちも、今後の部下たちに望むこととして連携を挙げていた。素材開発を管轄していた元役員は、

「それぞれが専門的なところに行きすぎると、難しくなることもあると思いますが、今後はもっと連携するようになっていってほしい。それが新しいものを生む契機になるように思います。製造現場と営業の議論などはすでにありますが、連携、とまでいけていないのかなと。組織が大きくなってくると簡単ではないとは思いますが」

と話してくれた。

一方、ジョブ・ローテーションの試行も先行している製造現場では、少しずつその兆し

も見えているのか、光ファイバーを管轄する役員はこのように話してくれた。

「昔はファイバー製造部で何か問題が起きたら、ファイバーの設計者を中心に解決に動いていました。ただ、最近は素材開発の人なども入って、難易度が高いものは一緒にプロジェクトを組み、横串連携で解決することが増えつつあります。

素材開発の人は、素材の知識はあるが製造の知識が弱い。私たちはその反対。そこをもっと融合し、連携して進められるようになっていきたい」

また、座談会に参加した営業部のある役職者も、

「営業の立場からすると、何か問題があったらまず上司に言うところですが、私が直接、工場長や製造部の部長さんに話ができる、そういう垣根の低さがあります。

他部署の上長でも、個人間で色々相談するとか、そういうことは日常的に行われているので、事業部間の連携が、正当化も明文化もされていないんだけど、実はすでに社内の文化としてあるのかな……と思っています。それでうまくいくことも多々あって、これを社内全体で当たり前にある動きとして、より伸ばしていければ良くなっていくんじゃないかと」

と述べている。

この流れの背景には、営業部の主体的な働きかけも大きい。採用を理系中心にするなど、提案型の技術営業を可能とする体制の構築に力を入れている。２０１５（平成27）年には、光デバイスでＬＥＤ需要が増えていたことから、先ほど事例を取り上げた担当者を含む、光源開発に従事していた5名を営業部に転籍させている。

技術の知識や経験を持つ営業担当者がいることで、顧客とのやり取りがスムーズになるだけでなく、社内の開発や製造の担当者とのコミュニケーションもやりやすくなり、内容も高度なものになる。先ほど触れた、社内開催の勉強会も、連携を深める取り組みの一貫と言えるだろう。

絶え間ない技術革新

最後に取り上げる、もう一つの課題が「技術」だ。

メーカーとして、最低限の技術があるのは当然の話ではあるが、これから医療機器や、場合によっては新しい分野へ進出する可能性もある中で、求められる技術の水準は年々上がっていくだろうことは想像に難くない。社員の育成だけではなく、ハードへの投資も含めて、コンスタントに適切な「能力の獲得」を続けていかなければいけない。

また、開発の技術と、製造の技術は別物だ。

SELAPathの事例で、担当者が「開発は難しくはなかったです。大変だったのは量産化プロセスでした」と語っていたように、新しいアイデアを設計ベースで実現できても、製品化・量産化が叶わなければ意味はない。

座談会などの取材では、他の研究開発者からも、製造プロセスを重要視する発言が目立った。また製造担当者も、仕事のやりがいとして、レベルの高い開発者やお客様の要求を実現し、量産体制に持っていくまでの難しさと、それが実現したときの喜びを挙げる社員が多かった。

近年の製造業界では、アイデアの具体化を他社が担う製品開発も増えており、弊社も協業による製品開発は、今後のテーマの一つである。とはいえ、自社で製造プロセスを完結できるに越したことはない。利益率や製造現場のモチベーション、試行のスピード等に大きく影響する上に、他社と協業するにせよ、自社にも同等の知識や技術がなければスムーズなコラボレーションも難しくなるだろう。

難しい設計にも対応し、安定した製品をたくさんつくる。

こうして書くと当たり前の話のようにも見えるが、その背景には様々な困難やチャレンジがあることは、担当者らの発言からも容易に想像できる。

弊社は開発力を評価していただく機会が多いのだが、第1章の住田利八や進の項にあるように、創業時から技術を頼りに今日まで続いてきた。そして、その技術は開発と製造の両輪が揃わなければ形にならない。

見方を変えれば「連携」も新しい時代の技術を培う方法論の一つであり、技術を大切にするのは文字通りの住田のＤＮＡと言える。

住田利明が清水との対談で述べているように、結局のところ、先のことは分からない。ただ、未来の社会や消費者に求められる何かを生み出したり、その製造プロセスの一端を担うために必要なものは、住田のＤＮＡの中に刻まれ、今現在の住田光学ガラスの中にも息づいているように思う。

私たち社員が、これからも放し飼いされた環境で、自由に楽しく働くことができれば、これからの100年の歴史も続いていくのではないだろうか。

終章

「仕事はスポーツだ!」に込めた想い

住田光学ガラス社長の住田利明と申します。本書をお読みいただき、誠にありがとうございます。

最後に私が、本書の補足のような内容であったり、清水弘先生との対談と重複する内容もあるかもしれませんが、今後についての個人的な考えであったりを、長めの後書きのような形で、少し記させていただければと思います。

対談でも申し上げたように、私は過去よりも、常に未来に興味が向いている人間です。本書の企画も、社員が「こんな本をつくりたい」と提案してくれたのでOKを出しましたが、私自身は完成をただ見守るだけ——という一歩引いた立ち位置でいました。

ただ、まったく無関係とはさすがにいかず、対談に引っ張り出されたり、取材に答えたりと、本の制作プロセスや担当社員の奮闘ぶりを何度か目にするうちに、「これはやってよかったのだろう」と思うようになりました。

なぜかと言うと、この本が、単なる記念の品ではなく、現在、そして未来の当社社員の助けになることも、あるように感じられたからです(外部の読者の皆さまにとってどんな本か、という客観視は現状では難しいのですが)。

住田のDNA。変わらない価値観

その点を説明する前に、対談でも述べていた「未来のことは分からない」という点について補足させてください。

まずもって、ただでさえ科学技術が加速度的に進化する時代です。それだけでも未来予測が年々困難になっている上に、新型コロナウイルスの流行や戦争まで起きてしまう。5年先、10年先のことが分かる、とはとても言えるものではありません。

ただ、分からないから、何も考えず、好き勝手にやっているわけでもありません。**大切なのは、分からないなりに、正しいと思える方向に進むこと**です。

企業や経営者の仕事は、その方向をある程度絞り、成功確率を高めることです。自由にやってもらうにせよ、まったく芽がないところでやるのは、貴重な時間・労力の浪費です。

少し強引な例ですが、より良い環境の模索を経理担当者に自由に任せた結果、私が現場で働いていた頃のような昭和の手書き帳簿で作業していたら、さすがにそれにはNGを出すと思います。当時では考えられない省力化を実現する会計ソフトやクラウドツールがたくさんある時代ですから、少なくとも模索する範囲はデジタルツールに限定し、その中で自由に試行し、住田に合ったものを探してほしいわけです。

完全に放任するのではなく、より社員が活躍できそうな場所があるなら、まずその場所に行ってもらい、そこで自由に楽しくやってもらう。それが**ナゼ太郎流の「放し飼い」**と考えます。

当社の特徴は、目指す方向を絞る方法論として、住田利八から続く、「人と同じ道を行くな」という、全てのベースとなる方針がある点です。私の代になっても変わらず、「他がやっていることはやらないでいい」と思っています。

世の中ですでに売れているものを、私たちがやる必要はない。それ以外のものをつくりたい。

経営方針には変えるべきものと、そうでないものがあると考えますが、この方針については、今後どれだけ当社が変化しようとも変わらない――それこそ住田のＤＮＡと言えるものだと思っています。

他がやっていないことに挑戦するために必要なもの

人の行かない道を行く、という方針があっても、範囲はまだまだ広い。360度進める中で、多く見積もっても半分程度を通行止めにした程度でしょうか。

そこから先、「まだ他がやっていないこと」の中から、さらにどこに、どうやって進むのかを考える必要があります。

その行き先の決め方次第で、成功確率も大きく変わります。

この行き先＝仕事のテーマを決める上で重要になるのが、**「知識」**と**「経験」**だと私は考えています。

知識は進む方向を探すための、地図となるものです。一つの分野の知識を深めれば、そのエリアの地図がより詳細に、より鮮明になります。他の分野の知識を知れば、地図で見える範囲が広がります。

また、どれだけ地図情報があっても、地図を読む腕前も大切です。地図を正確に読む能力や、情報量がまだ少ない地図から、価値ある情報を読み取る勘所を磨くのが経験です。

どんな仕事でも知識と経験は必要ですが、社員の自由意志で決められる部分が大きい当社では、特に個々人の知識と経験は大切なものと言えます。

知識と経験が備われば、地図の中から、消費者や社会の役に立ちそうなもの、面白そうなものが見えてきます。

大切なのは、そのような**「『取り組みたい』と思える理由」**です。

それが、いつか実現する製品の核になります。

私は、この**核さえあれば、どんな目標に取り組んでもいい**と考えます。逆に言えば、核を見つけるのが最低限の地図読みです。

製品は、お客様の要望があるから買っていただける。お問い合わせを受けて行う研究開発なら、すでにそれが核となり、要望が乗っている状態ですが、社員が自分で考え、ゼロベースで始める取り組みの場合、後からお客様に何かしらの要望を見出し、乗せていただく必要があります。

研究開発を始める時点で、魅力的な核が見えていないものは、後で製品化してもお客様の目に留まり、要望を受け止められるものにはなりません。

ようやく本題に戻りますが、私は当社社員にとって、住田の歴史をまとめた本書は、知識や経験を身につける補助となるのではないか――と思うに至ったのです。

2023年指針「やると出来る」への想い

もう一つ、本書の良い点と感じたのが、とにかくチャレンジする、実際に行動することの大切さを実感する社員の意識が記されていたところです。

ちゃぶ台を返すようですが、地図は大切ながら、そもそも読まなくていい――とも私は思っています。適当に行ってしまう。それくらいでいいのです。

なぜなら、実際にやってみるのが、地図を充実させる最大のアクションになるからです。行動することで、どんどん分かってくる。どれだけ素晴らしいビジネス書や実用書を読んでも、その内容を実践しないと読んだ意味がありません。知識は種のようなもので、行動によって芽を出すものだと考えます。

もちろん知識も必要不可欠ですが、知識を増やすためにも、どこかに実際に行ってみる。そうすれば、さらに細かい地図が欲しくなるものです。自分に必要なもの、不足しているものを見つけるためにも、行動することが大切なのです。

このような考えをまとめたのが、2023年の当社の指針である**「やると出来る」**です。指針は兄・正利が社長の代からあり、正直なところ、最初は大きな意味を持ってつくっていたわけではありませんでした。しかし、何年かやっているうちに、次第にキャッチフレーズ的なものになっていき、私が社長になってからは、その時点で「今の会社に足りないのでは？」と思うことを入れるようになりました。

200ページの指針一覧を見ると、近年の私は、ずっと「チャレンジが足りていない」と考えているのが透けて見えるようです。

2022年の「やってみなけりゃ分からない！」も、「やってみないと正解は見えないのだから、とにかくやってみればいいじゃないか！」と、失敗する可能性を気にしてしまう――社員の背中を押したつもりではありました。

ただ、今思えば、悪いほうに考えてしまうと、「どんな失敗をするかも分からない」と解釈できてしまう余地もありました。

そこで、やれば必ずうまくいく、という思いを伝えるために「やると出来る」が生まれました。

失敗はするかもしれません。しかし、それは一時的なもの。松下幸之助氏が「成功するためには、成功するまで続けることである。途中であきらめて、やめてしまえば、それで失敗である（『人を活かす経営』より）」という金言を残されているように、「失敗」は現在の状況を示す言葉でしかありません。

その失敗で地図を充実させて、最終的に宝の在り処を見つければ、失敗は簡単に成功へとひっくり返すことができるのです。

61 期

65 期

66 期

67 期

68 期

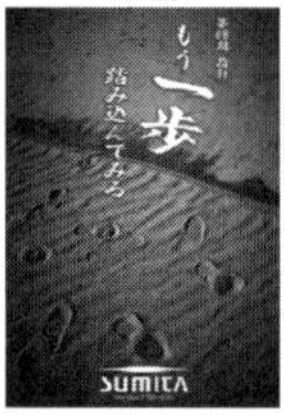

69 期

70 期

指針のヴィジュアル

年	期	指針	年	期	指針
1989	37	スピード対応「風林火山」	2006	54	七転び八起き
1990	38	先を読み「濃縮運営」	2007	55	油断大敵！
1991	39	良き環境・良き発展	2008	56	躍進　その1
1992	40	転ばぬ先の杖「原点運営」	2009	57	独立独歩
1993	41	知恵と技術で掴む新市場	2010	58	一致団結
1994	42	—"ゼロ"スタート—	2011	59	スピードアップ!!
1995	43	鶏口牛後	2012	60	行動力
1996	44	温故知新	2013	61	実行力　想像力　忍耐力
1997	45	順風満帆	2014	62	一歩前進の工夫！
1998	46	一念通天	2015	63	POWER UP!
1999	47	疾風迅雷	2016	64	未来は創るもの
2000	48	再生	2017	65	未来への変化
2001	49	上昇気流の如く	2018	66	新しい道を拓く
2002	50	待てば海路の日和有	2019	67	Start Up
2003	51	バランス良く	2020	68	もう一歩踏み込んでみる
2004	52	反省、緊張そして前進	2021	69	創意工夫
2005	53	期待に応える	2022	70	やってみなけりゃ分からない!

指針の歴史

目先の利益よりも、世にないものに挑戦しよう

会社組織になると、「やると出来る」理論はより強固なものになります。もしかしたら、誰か一人の人生なら、失敗を成功にする前に終わってしまう取り組みもあるかもしれません。

しかし、組織でやれば、他の社員の助けも得られますし、長いスパンで考えられます。第3章で素材開発担当者の「ＳＥＬＡＰａｔｈ」の事例が紹介されていますが、彼はその前身となるＬＡＴＰ開発という研究テーマを上司から引き継いでいます。

その上司目線でも、後の成功に繋がる礎を築いているのですから、自分の取り組みが道半ばだったとしても失敗ではないのです。核のあるテーマなら、やり続けさえすれば、必ず失敗は失敗でなくなるときが来ます。

また、そもそも当社は、研究開発のスパンをとても長く捉えています。

ですから、社員の皆さんには、売れる売れないなど考えずに、のびのびとやりたいテーマに取り組んでほしいのです。

基本的に、「今ないもの」とは、数年後、数十年後に必要とされるものだと私は考えています。

実際、当社には「特許を取得したものは特許が切れる頃に売れ始める」とか「表彰を受けたものは売れない」といったジンクスまであります。すぐに受賞・評価されるような特別なプロダクトは、あまりに早すぎて、その時点では社会で必要とされる場所があまりなかったりするわけです。

ですから、つくっているときに売れるかどうかを考える必要はありません。どうせ先のことは分からない。

かといって、今売れそうなものをつくっても、コモディティ市場でライバルとの厳しい競争にさらされるだけです。

だから、とにかく今ない、面白そうなものをつくる。

もちろん、今ないもので、「実現すれば必ず売れる」という自信があるなら、売れるか否かで考えてもよいでしょう。

そういうときは、私も第1章にあった非球面レンズ開発のエピソードにあったように、社内のリソースを集中させ、放し飼いのエリアを限定させることはするかもしれません。しかし、そんなことはそうそうありません。だから、自分がやってみたいと、楽しんで取り組めると思えるテーマなら、何をやってもいいのです。

今、これを読んでいて、先輩たちほど好き勝手にチャレンジすることができていないと思う当社社員がいたら、どうか失敗を恐れず、良い意味で自分勝手に仕事をしていただければと思います。

なかなか信じにくいかもしれませんが、住田光学ガラスは、本当に社員にそうあってほしい、自由に働いてほしいと考えている会社です。

2024年指針「仕事はスポーツだ！」

2024年の指針、「仕事はスポーツだ！」にも、そんな思いが込められています。

実は、この指針をどう思うか、ChatGPTに訊ねてみたところ、厳しい反応でした。スポーツは競い合うもので、社員同士が争い、いがみ合うようなイメージが持たれてしまう——と誤解を招くのではないか？　というのです。

なるほど、確かにそう受け取れる余地はあるので、正しい意図はしっかりと伝えなければ、と思いましたが、私が注目しているのは**「自分との戦い」**です。

スポーツに人生を懸けて取り組むアスリートは、確かに大きな大会などでは、華やかな場で、その記録を激しく競い合っています。

しかし、彼ら彼女らの人生の大半は、それ以外の時間で、記録を更新するために、日々黙々と練習に取り組んでいるわけです。

私は、この日々の練習やトレーニングといった取り組みは、明確な成果が出るまでの道半ばにある会社員の仕事と、非常に近しいものだと感じました。

アスリートは、人生で取り組むことを「これ」と自分で定めた人たちです。

私は当社社員に、同じような意識で仕事をしてほしいと思うのです。

売れるかどうかは社会が決めるものですが、面白いかどうかは自分の感覚が全てです。

自分で決めた尺度で、「この仕事をやりたい」と思ってさえくれればいい。後は他人の結果は気にせず、自分の記録を更新できるように取り組めば、その後のことは気にしないでいい――。そんな思いを「仕事はスポーツだ！」に込めています。

また、本来人間が生きるだけなら必要ないスポーツが、多くの人の活力になっているように、人生を懸けて自分が「これ」と決めたテーマに打ち込む姿は、人の心を打つ美しさがあります。

会社員の仕事も、同じように打ち込めるテーマへの取り組みなら、人の心を捉える製品に繋がり、いつか売上という形でも成果を出すものだと思っています。

裏を返せば、常に仕事を楽しみ、前向きに取り組んで、半歩先、一歩先の新しいことに取り組んでいれば、結果的に売上もついてくると私は確信しています。

そして、今の当社には、そんな仕事をする社員ばかりなので、今後のことも心配していません。分からなくても、不安はないのです。

このまま、住田のDNAを現状維持することで、10年20年と、同じような会社でやっていきたいと強く思っています。

本書を読んでくださった方は、住田光学ガラスの関係者でなくとも、お客様や、近しい業界の方など、何かしらの形で当社に関わってくださったことがある方が多いかと思います。

住田が創業100年を迎えられたのは、皆さんのおかげです。誠にありがとうございます。ぜひ今後とも、現状維持ができるのか、当社を気にしてやっていただければ幸いです。

そして、社員の皆さん。皆さんあっての住田光学ガラスであることは言うまでもありません。これからも、現状維持できるように力を貸していただければと思います。また、現状維持よりも楽しく働けそうなアイデアがあるなら大歓迎です。どんどんお寄せください。

また、偶然本書を手に取り、当社を知っていただけた方がもしもおられるようなら、大変ありがたいことです。身の回りにある光学ガラス製品を、少しでも身近に感じられる内容であることを願っております。

最後まで読んでいただき、ありがとうございました。今後とも、住田光学ガラスを宜しくお願い致します。

年表

1883年～
（M16～）

住田利八、滋賀県阪田郡息郷村にて住田利平の三男として生まれる。
小学校3年の時に先生と喧嘩をして退学。日露戦争従軍の際には集団で突撃する任務のさなか、ひとり集団から離れて敵陣を突破し、手柄を挙げ勲章をうけた。

1910～1923年
（M43～T12）

住田利八、志んと結婚。東京市下谷区初音町に上京。その後東京市本郷区駒込千駄木町に居を移す。下駄の歯を継いで収入を得ていたが、足りなかった。
収入を増やそうと、地中から掘り出した古い水道メーターから丸板ガラスを取り外して、板橋にあるレンズ工場へ持っていくこともあり、1枚3銭で売れた。
工場で知り合った人から、丸板ガラスを加工して凹面に加工すると、数倍の値段になることを聞かされ、見様見真似でガラス加工を始める。当時は医師が額に巻いて診察時に覗き込む、反射鏡に使われた。

1923年
（T12）

関東大震災被災。本郷にあった自宅を失う。西巣鴨へ転居。西巣鴨の自宅の庭に炭火をたいてガラス加工を始めた。住田光学工業を創業。当初は「住田利八商店」「住田光学硝子加工所」などの名を使用。

住田光学工業を創業。

1924年
（T13）

納入するメーカーからガラス材料を預かり、加工する。
双眼鏡レンズをつくりはじめるが、レンズメーカーには相手にされず。ドラム缶の炉で軟化したガラスをプレスしてレンズをつくり、わら灰と粉炭の中で徐々に冷却していた。
眼鏡や拡大鏡として細々と作る。

凡例：沿革（会社概要）　沿革（製品）　▼ 受賞歴

1934年
（S9）

住田進が冷却方法に疑問を持ち、理化学研究所や商工省の工業試験所など相談しに奔走。大阪工業試験所の高松亨博士からプレスしたレンズは再び加熱しないと均質にならない。わら灰では効果がなく、電気炉で、長時間加熱しなければならないと、教わる。
当時大金であった1500円をかけて電気炉を購入。ガラスの品質向上。

1938年
（S13）

東京光学（現トプコン）の担当者がプレスレンズを使えるとの評価をいただく。民需双眼鏡用としてプレスレンズ採用。

1941年
（S16）

浦和市に工業用地を求める。

1943年
（S18）

愛知県豊川海軍工廠の技師が工場を訪れ双眼鏡レンズの依頼を受ける。

1944年
（S19）

海軍がプレスレンズ採用。

1945年
（S20）

終戦により浦和工場の建設を一時停止。

1期

1947年（S22）

住田光学工業株式会社として法人化。

1949年（S24）

光学レンズ自動整形装置特許公告。

1953年（S28）

光学硝子連続加熱装置特許公告。銀座まんじゅうの作り方をヒントに設計された。

住田光学工業株式会社の従来から有する光学ガラスをレンズ素材に成形する技術を活用し、また、後の光学業界の発展を予想して、光学ガラスの溶融を目的に株式会社住田光学硝子製造所を設立。代表取締役社長住田利八。

光学ガラスの溶融を開始。

外部の研究機関での社員養成が始まる。

1961年（S36）

カメラ用レンズ素材に進出する目的でＬａ系光学ガラスの溶融開始。

▼プレス加工によるレンズ製造技術で住田進が科学技術庁長官賞を受賞。

沿革（会社概要）　沿革（製品）　▼受賞歴

硝子溶解

プレス装置

11期（10周年）

1963年（S38）

住田進代表取締役社長に就任。

1966年（S41）

多成分系光ファイバーの開発に着手。

1968年（S43）

住田進が紫綬褒章を受賞。

1970年（S45）

福島県田島田部原工場の開設。ガラスプレス加工を始めた。

超音波遅延線ガラスの熔融を開始。

1971年（S46）

公害規制物質であるカドミウムを含まないカドミウムレスガラスを開発。

21期（20周年）

1973年（S48）

液晶用スペーサーガラスを開発。ガラスフィルターを開発。

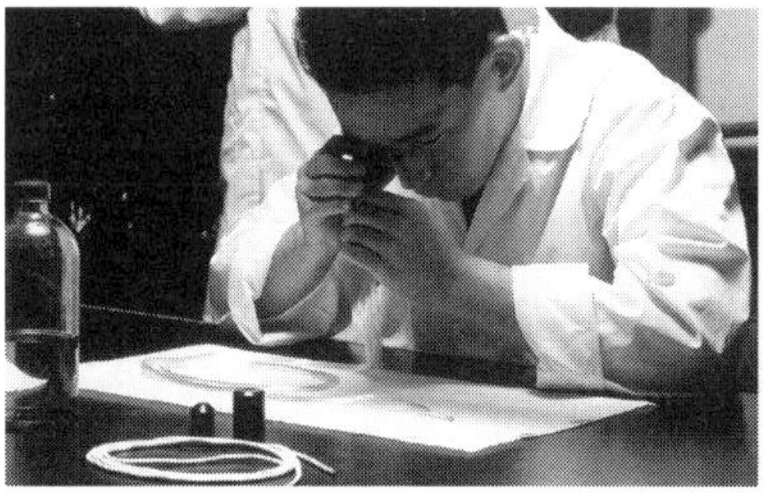

ファイバー検査風景

粘土坩堝

30期

1982年
(S57)

ファイバースコープ「スミタアイ」を開発

1981年
(S56)

アメリカ市場に進出

1979年
(S54)

積層イメージガイドの製造を目的に下郷町に弥五島工場を開設。
ヨーロッパ市場に進出。

1978年
(S53)

高性能双眼鏡プリズム用ガラスであるBPG2を開発。

1974年
(S49)

カドミウムと同じくトリウムレスガラスを開発。

沿革（会社概要）　沿革（製品）　受賞歴

ファイバー組み立て風景

1984年
(S59)

ハンドプレス部門を別会社に移管、南会光学株式会社（現株式会社スミタフォトニクス）を設立。

ダイレクトプレスによるレンズ素材の成形を開始。

1985年
(S60)

福島県田島長野工場を開設。

松下電器産業株式会社開発研究所と共同で研磨不要の超精密ガラスによる非球面レンズを開発。

1986年
(S61)

薄膜磁気ヘッド用ガラスセラミック基板・化学切削用感光性ガラス・同セラミック・特殊形状シーリングガラス等を開発、営業活動を開始。

▼松下電器産業株式会社と共に「完全一体型光ピックアップレンズ」で日刊工業新聞社主催「十大新製品賞」を受賞。

1987年
(S62)

ホタル石にかわる光学ガラス「ホタロン」を開発。

ホタロン

1988年
（S63）

社名を株式会社住田光学ガラスに変更。ナゼ太郎誕生。

低価格ファイバースコープ「ミエラー」の販売を開始。

「ホタロン」が米国専門誌 Photonics Spectra 主催「1回ベスト25優秀製品賞」を受賞。

1989年
（H1）

田部原ファイバー工場落成。住田正利代表取締役社長に就任。

異常部分分散性ガラス「ガドロン」を開発。

「フッ化物ガラス光ファイバー」で「第1回中小企業優秀新技術・新製品賞奨励賞」を受賞。

1990年
（H2）

非球面レンズを販売

1991年
（H3）

多成分系ガラスファイバースコープ「ミエラー細径」で「第3回中小企業優秀新技術・新製品賞」を受賞。

田島田部原工場

沿革（会社概要）　沿革（製品）　受賞歴

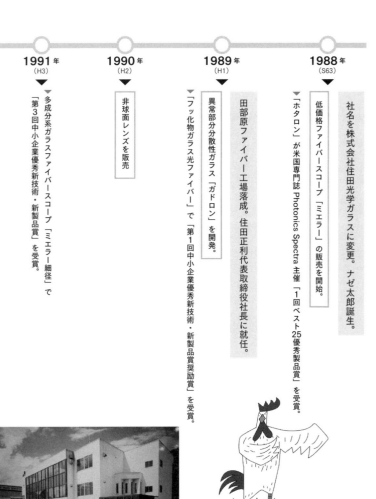

1992年（H4）

「非球面レンズ用プリフォーム材料」を開発。
赤外線チェッカー「フォトターキー」を開発。

「非球面ガラス成形レンズ」で「第24回市村産業賞功績賞」を受賞。

41期（40周年）

1993年（H5）

浦和新社屋が落成。東京都から埼玉県へ本社移転。

赤外線チェッカー「ヤグターキー」を開発。

1994年（H6）

世界初の透明結晶化ガラス製の赤外線チェッカー「ヤグラス」を開発。
ハロゲン光源を開発（LSシリーズ）。

1995年（H7）

ルミラス（緑色蛍光ガラス、赤色蛍光ガラス）を開発。

「ガドロン・スーパーガドロン」が（財）日本発明振興協会と日刊工業新聞社共催の「第20回発明大賞」を受賞。
「ヤグラス」が「第7回中小企業優秀新技術・新製品賞奨励賞」を受賞。

浦和本社

ルミラス

1996年
(H8)

インターネットにホームページ開設。福島県田島町に光学ガラス熔解工場を増設。
同じく田島町に光ファイバスコープ専用工場を増設。

メタルハライド光源を開発（LS-XM60H）。
ルミラス（青色蛍光ガラス）を開発。

1997年
(H9)

LATP-Agを開発。

▼「ルミラスB」が「第9回中小企業優秀新技術・新製品賞」を受賞。
同じく「ルミラスB」が米国 Photonics Spectra 誌主催の「ベスト25優秀製品賞」を受賞。

1998年
(H10)

光を蓄えて発光する「蓄光ガラス」を開発。磁石がくっつくガラス「磁性ガラス」を開発。

1999年
(H11)

光学ガラスを鉛フリー「K-」の表記へ切替。

沿革（会社概要）　沿革（製品）　▼受賞歴

51期（50周年）

2000年（H12）

紫外線センサを開発。

2001年（H13）

福島県田島田部原工場内に非球面レンズ製造工場新設。

La系硝材K－VC89を開発。

2002年（H14）

「スーパーヴィドロン K－PG325」が米国 Photonics Spectra 誌主催の「2002年ベスト25優秀製品賞」を受賞。

2003年（H15）

ガラス成型機オスベシタ成型機を開発。

「スーパーヴィドロン K－PG325」が「第15回中小企業優秀新技術・新製品賞・中小企業庁長官賞」を受賞。

2004年（H16）

天皇陛下が浦和工場をご視察。ISO14001認証取得。

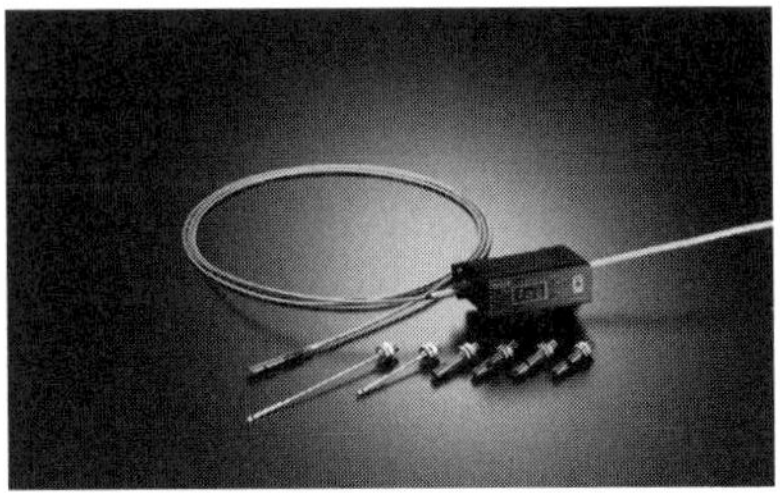

紫外線センサ

2005年
（H17）

ドイツ・ニュルンベルグ市に現地法人Sumita Optical Glass Europe, GmbHを設立。

2006年
（H18）

経済産業省・中小企業庁が刊行した「元気なモノ作り中小企業300社」に選定される。

1本で青色半導体レーザを白色レーザとして連続発振するフッ化物ファイバーを開発。マイクロレンズアレイなどモールド加工による特殊形状レンズを開発。

2007年
（H19）

超高屈折率（ndが2・14）であるモールドプレス用光学ガラス「K-PSFn214」を開発製品化。

▼「青色半導体レーザーと光ファイバーを利用した白色光源」が、日経BP社主催「2007年（第17回）日経BP技術賞◇電子・情報家電の部」の部門賞受賞。

2008年
（H20）

光学ユニット（小径レンズユニット、多面体光学系）を開発

沿革（会社概要）　沿革（製品）　▼ 受賞歴

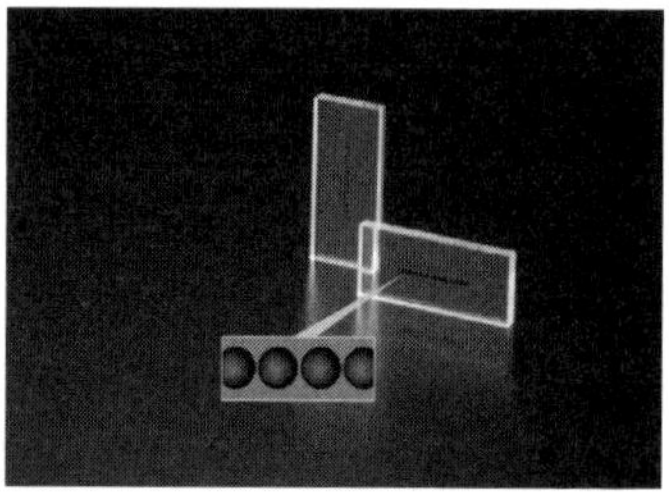

マイクロレンズアレイ

2009年
(H21)

住田利明代表取締役社長に就任。

HDIG極細イメージガイドを開発。GLEDガラス封止LEDを豊田合成株式会社と共同開発。

GLEDガラス封止LEDを豊田合成株式会社と共同開発。
超モノづくり部品大賞・日本力(にっぽんぶらんど)賞受賞。

2010年
(H22)

田島工場で「医療機器製造業許可」取得。課題解決型医療機器等開発事業への参画。

課題解決型医療機器等開発事業への参画。

2012年
(H24)

ISO9001認証取得。ふくしま医療福祉機器開発事業費補助金への参画。

屈折率分布レンズFOCUSRODを開発。

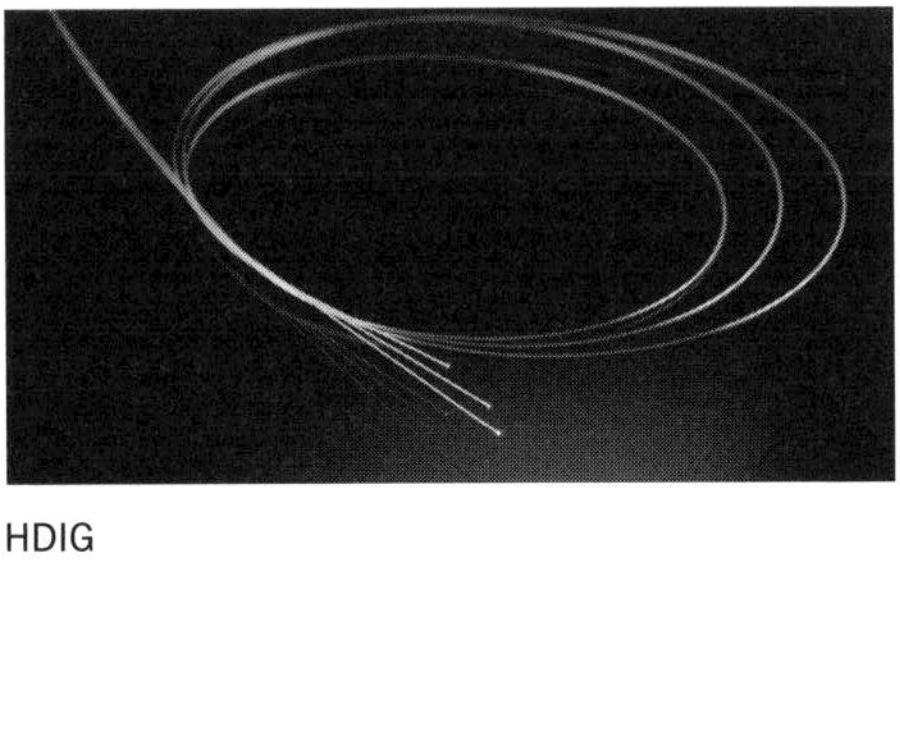

HDIG

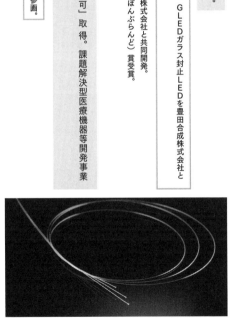

61期（60周年）

2013年
（H25）

田島工場でＩＳＯ１３４８５認証取得。田島工場で「医療機器修理業許可」取得。田島工場で「動物用医療機器製造業許可」取得。

極小非球面レンズを開発。生産開始。

田島工場で「第二種医療機器製造販売業許可」取得。

2014年
（H26）

Teluna-LED head light- を開発

「Teluna-LED head light-」が２０１４年度消防防災科学技術賞の「優秀賞」を受賞。

2015年
（H27）

田島工場に医療機器製造工場を新設。

2017年
（H29）

「高度医療機器等販売業・貸与業許可」取得。

内視鏡型ＯＣＴプローブが西海記念賞を受賞。
九都県市首脳会議において「九都県市のきらりと光る産業技術賞」を受賞。

沿革（会社概要）　沿革（製品）　受賞歴

組み立て風景

Teluna

71期（70周年）

2018年（H30）

経済産業省より「地域未来牽引企業」に選定される。
中国・広東省東莞市に現地法人「住田光学（東莞）有限公司」を設立。

可視励起赤色蛍光体を開発。アッベ数100を超えるK-FIR100UVを開発。

2021年（R3）

田島工場に非球面レンズ関連製品製造工場を新設。

全固体電池用材料「SELAPath」を開発。

2022年（R4）

第18回埼玉ちゃれんじ企業経営者表彰にて住田利明が県知事賞を受賞

2023年（R5）

創業100周年、株式会社住田光学ガラス設立70周年を迎える。
ナゼぴよ誕生。

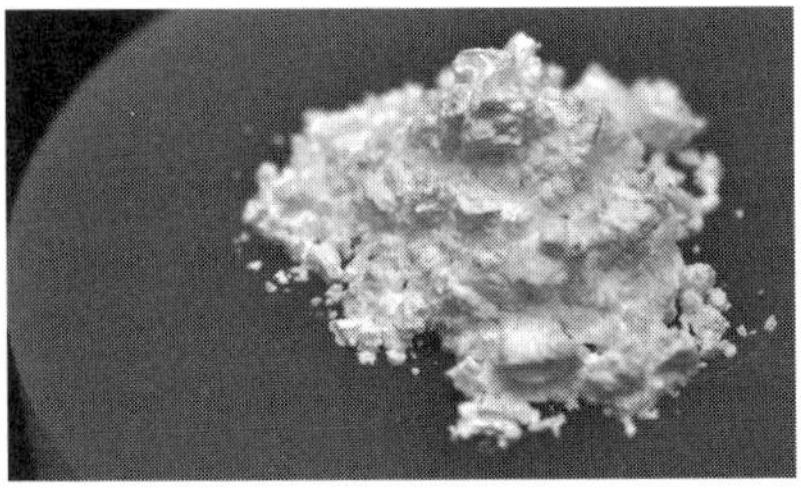

SELAPath

株式会社住田光学ガラス　(SUMITA OPTICAL GLASS, Inc.)
https://www.sumita-opt.co.jp/

【事業内容】
光学機器用光学ガラス及び加工品／光ファイバー／ライトガイド／イメージバンドル／光源装置／ファイバースコープ／内視鏡（OEM）／非球面レンズ／蛍光ガラス／その他特殊ガラス等の製造販売

住田光学ガラス社史編纂室・ご協力いただいた関係者の皆様（五十音順）

相田和哉
伊藤洋介
猪股信也
潮田和俊
弟月英児
河崎なな子
斎藤智宏
斎藤　肇
佐藤忠信
沢登成人
清水　弘
住田利明
高久英明
高野和之
高橋信仁
高松朝弥
土谷宏一
角田裕一
手塚達也
仲長　勉
永濵　忍
永濵雄一
野村昌幸
芳賀逸人
星　菊喜
星　裕也
星　学
光山聖文
室井孝介
大和紀雄
羅　琦
渡邉大輔
渡部洋己
渡部裕一郎

やると出来《でき》る
「自由《じゆう》に、自在《じざい》に、しなやかに」の系譜《けいふ》

2023年11月21日　初版発行

著　者　住田光学ガラス社史編纂室

発行者　小早川幸一郎

発　行　株式会社クロスメディア・パブリッシング
〒151-0051 東京都渋谷区千駄ヶ谷4-20-3 東栄神宮外苑ビル
https://www.cm-publishing.co.jp
◎本の内容に関するお問い合わせ先：TEL（03）5413-3140／FAX（03）5413-3141

発　売　株式会社インプレス
〒101-0051 東京都千代田区神田神保町一丁目105番地
◎乱丁本・落丁本などのお問い合わせ先：FAX（03）6837-5023
service@impress.co.jp
※古書店で購入されたものについてはお取り替えできません

印刷・製本　株式会社シナノ

ISBN978-4-295-40882-6　C2034